ごうかく 80てん　　/100

がつ　にち

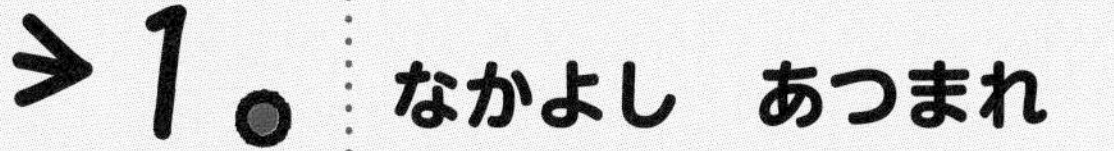

なかよし　あつまれ

\もんだいを きちんと よもう！/

[えを　よく　みよう！]

もんだいに　こたえましょう。

教2～8ページ　　100てん(1つ20)

- うさぎ の　なかまを　○(まる)で　かこみましょう。

ミスにちゅうい！

- ちょう の　なかまを　□(しかく)で　かこみましょう。
- あかい　チューリップ(ちゅーりっぷ) に　△(さんかく)を　つけましょう。
- きの　えだに　とまって　いる　とり に　◎(にじゅうまる)を　つけましょう。
- ひとつずつ　・(てん)と　・を　—(せん)で　つなぎましょう。

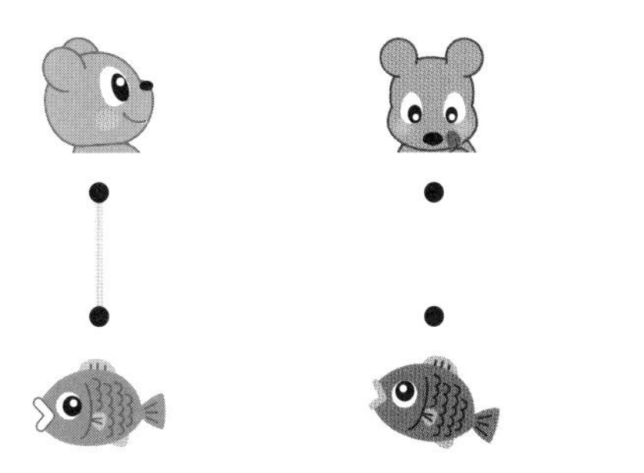

みんな
つれるかな。

きょうかしょ 2～8ページ

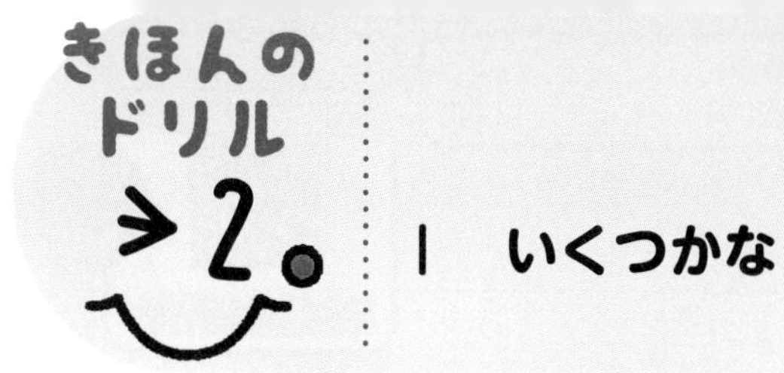

がつ　にち

1　いくつかな　……(1)

\もんだいを きちんと よもう！/

[えや ●を　ひとつ　ひとつ　ゆびで　おさえながら　かぞえます。]

1　えの　かずだけ　◌(まる)を　ぬりましょう。　教10～11ページ

30てん（1つ10）

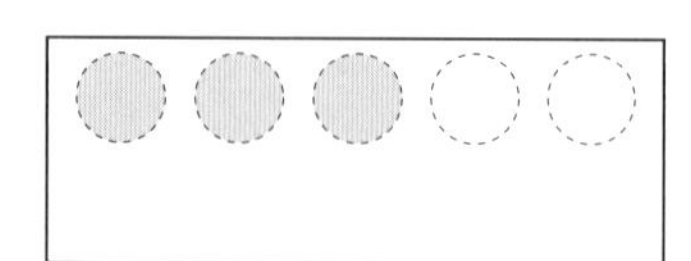

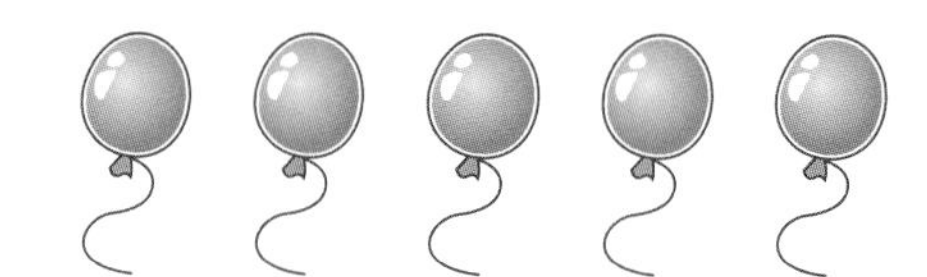

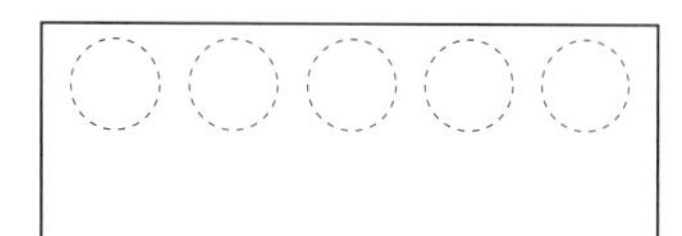

2　すうじを　かきましょう。　

70てん（1つ5）

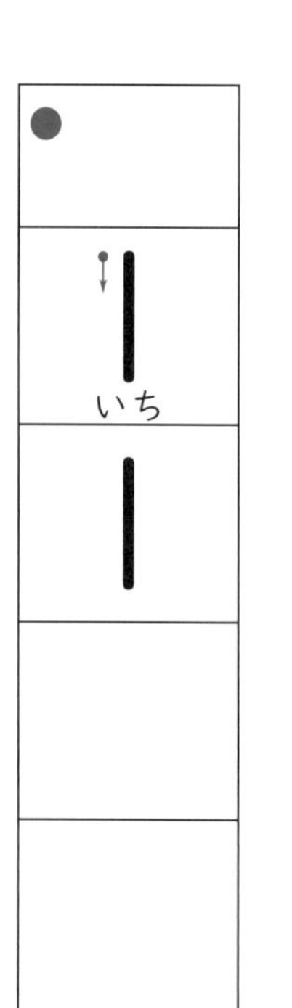

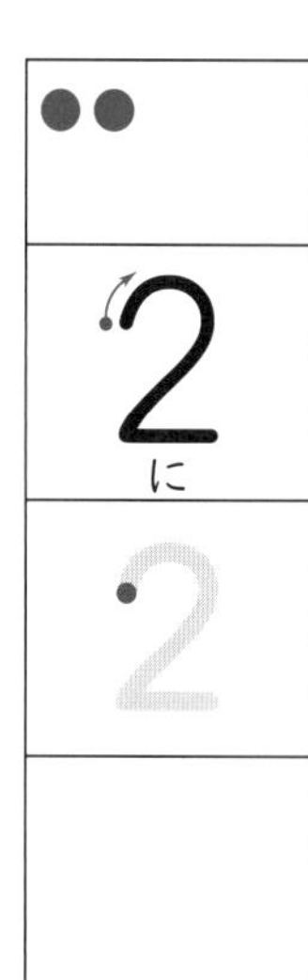

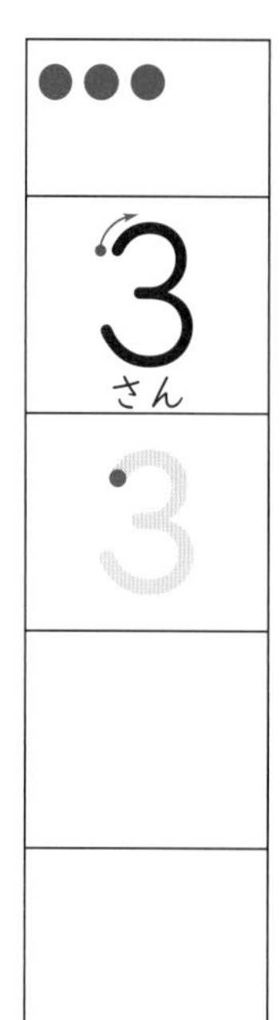

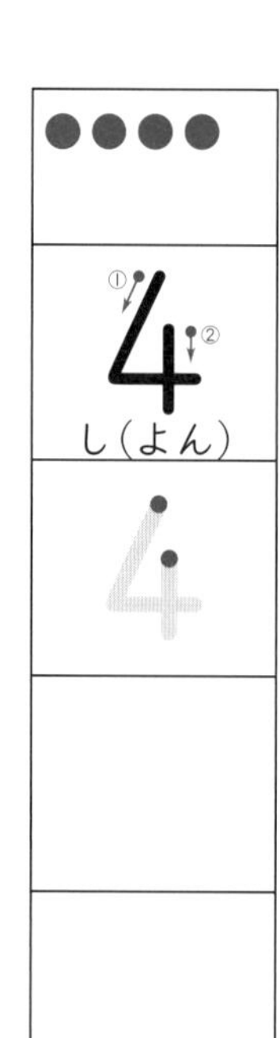

5
ご

きょうかしょ 9～13ページ

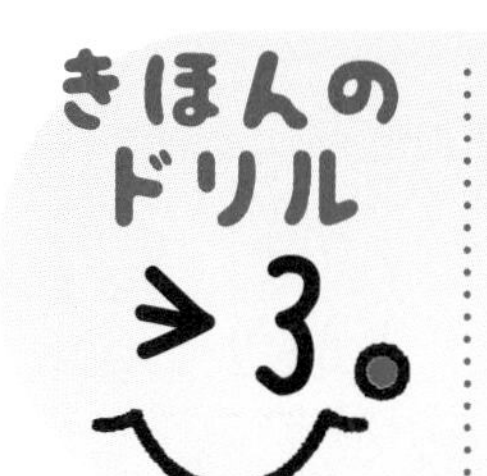

じかん 15ふん　ごうかく 80てん　/100

がつ　にち

1 いくつかな ……(2)

＼もんだいを きちんと よもう！／

［1、2、3、4、5と かぞえます。］

1 おなじ かずを せんで むすびましょう。

教 10〜11ページ　60てん（1つ10）

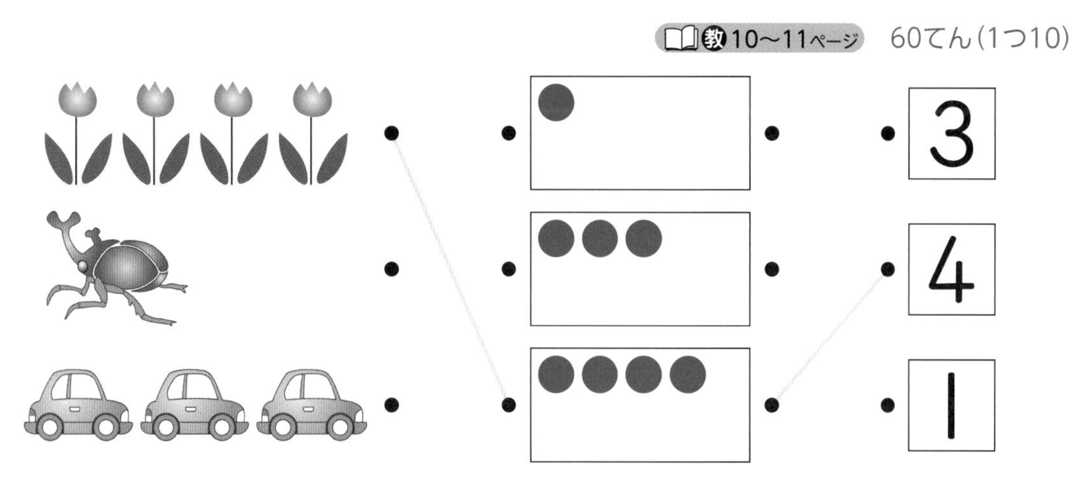

2 すうじの かずだけ ◌を ぬりましょう。

教 10〜11ページ　20てん（1つ5）

3	○○○○○	4	○○○○○
5	○○○○○	1	○○○○○

3 かずを すうじで かきましょう。 教 12〜13ページ

20てん（1つ10）

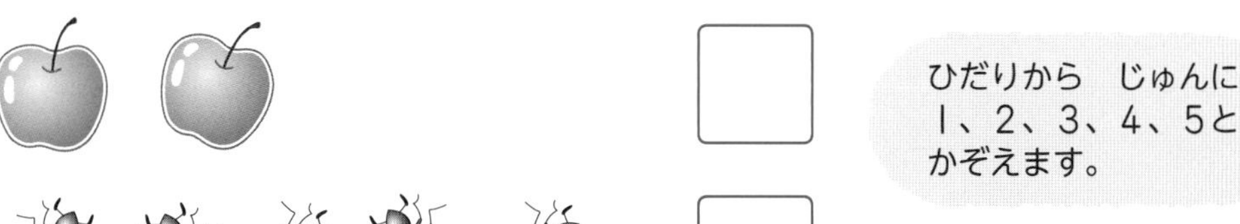

ひだりから じゅんに
1、2、3、4、5と
かぞえます。

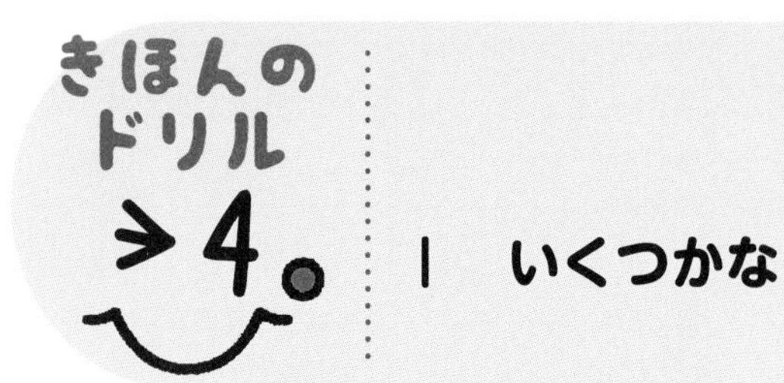

ごうかく 80てん ／100

がつ　にち

1　いくつかな　……(3)

＼もんだいを きちんと よもう！／

[6(ろく)、7(しち)、8(はち)、9(く)、10(じゅう)と　かぞえます。]

1 えの　かずだけ　◌(まる)を　ぬりましょう。

教14～15ページ

30てん(1つ10)

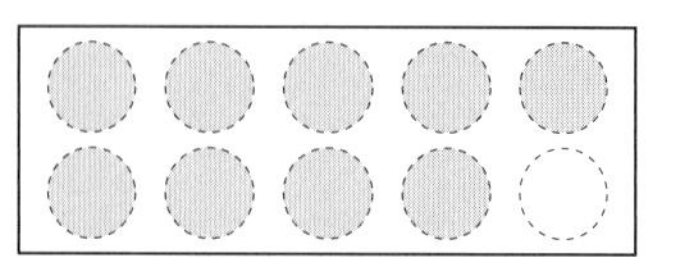

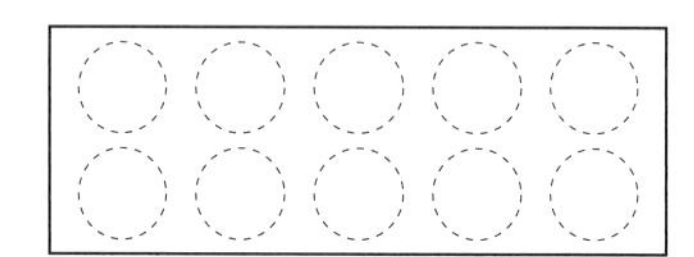

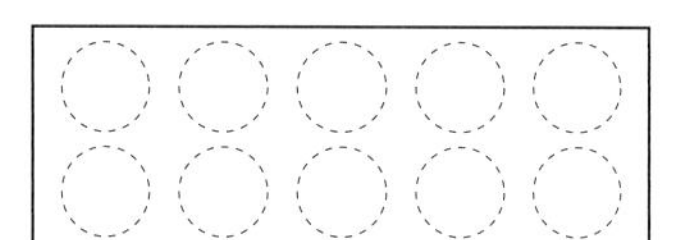

2 すうじを　かきましょう。

教16ページ

70てん(1つ5)

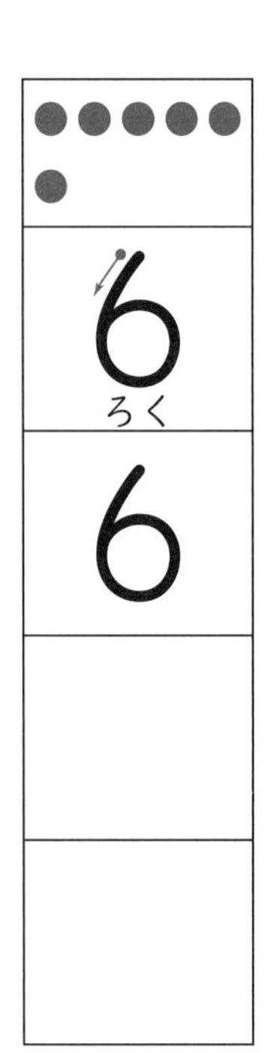

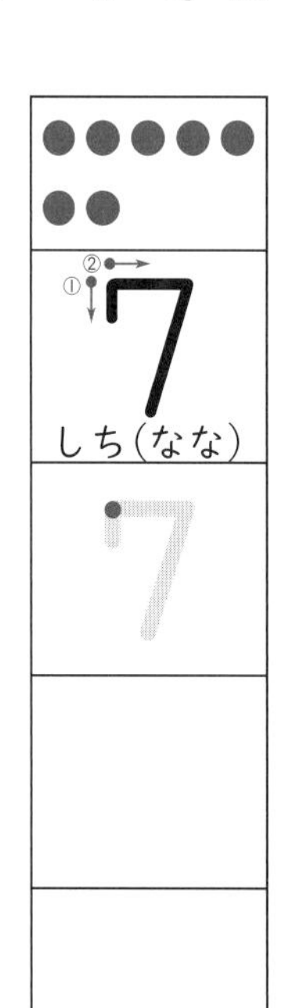

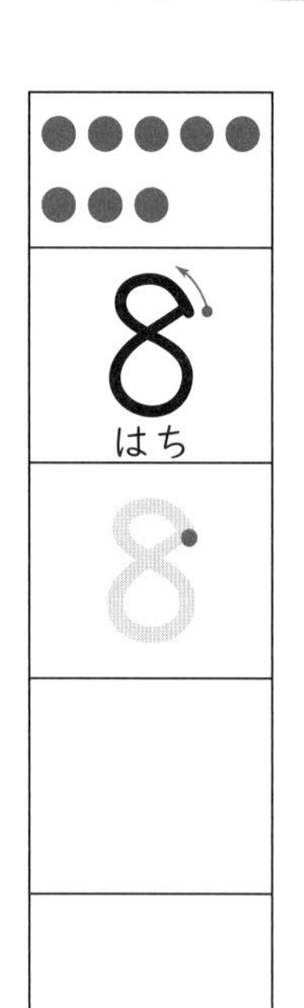

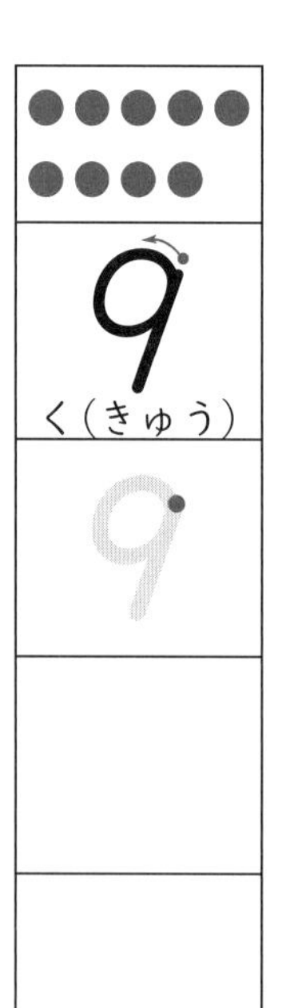

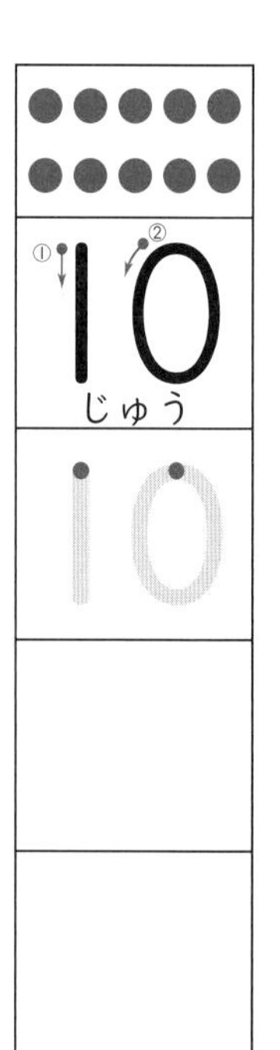

きょうかしょ 14～17ページ

ごうかく 80てん　／100

がつ　にち

こたえ 82ページ

1　いくつかな　……(4)

＼もんだいを きちんと よもう！／
[じゅんじょよく　かぞえます。]

1　おなじ　かずを　せんで　むすびましょう。

教 14～15ページ　60てん(1つ10)

 ・　・ 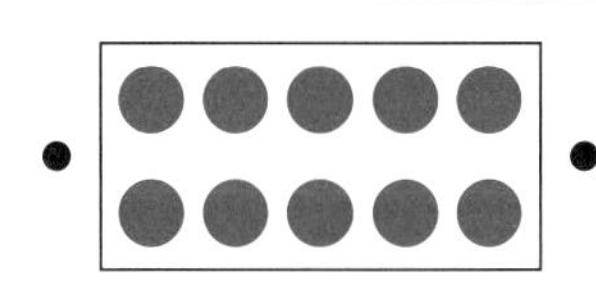 ・　・ 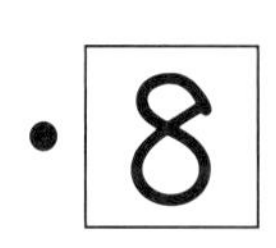

 ・　・ 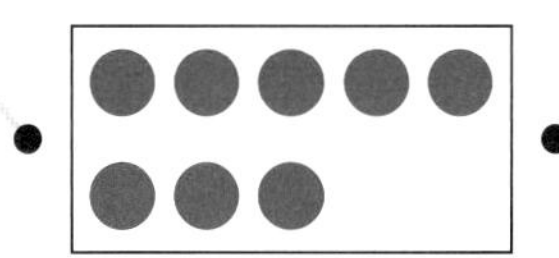 ・　・ 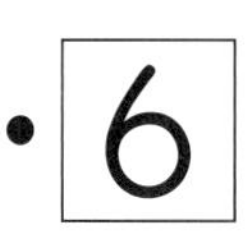

 ・　・ 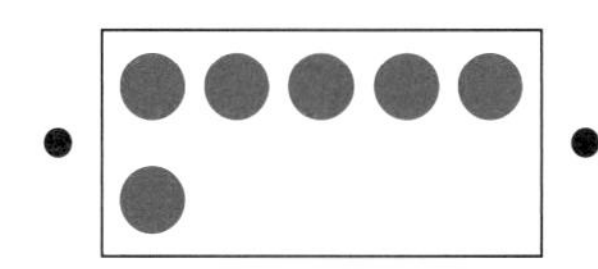 ・　・ 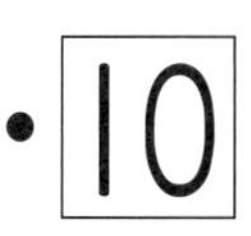

2　すうじの　かずだけ　○(まる)を　ぬりましょう。

教 14～15ページ　20てん(1つ5)

9 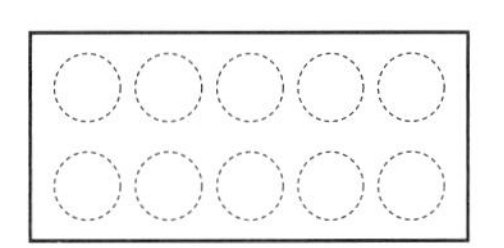　 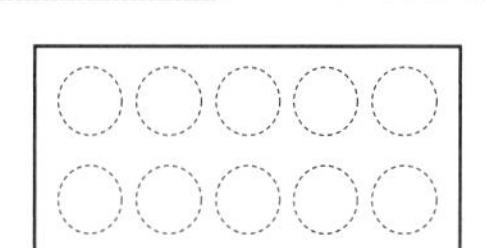

7 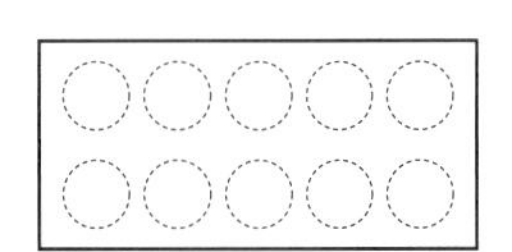　10 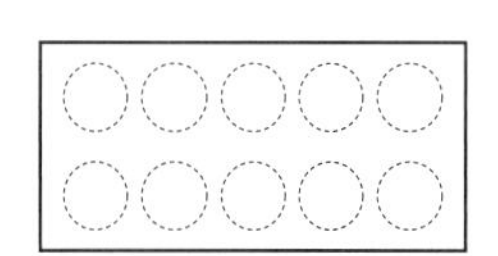

⚠ミスにちゅうい！

3　かずを　すうじで　かきましょう。　教 16～17ページ

20てん(1つ10)

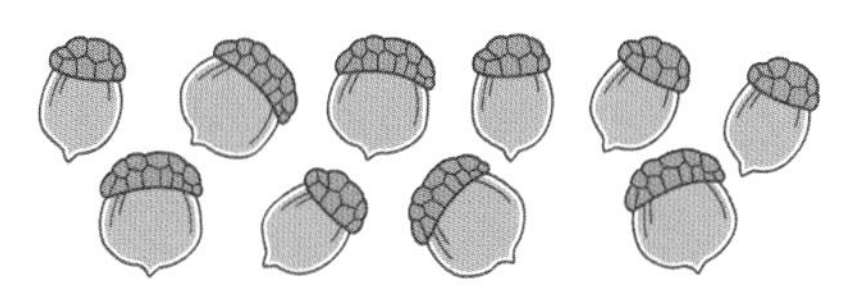　

ひだりから
じゅんじょよく
かぞえると
いいね。

きょうかしょ 14～17ページ

1　いくつかな　……(5)

かずの　ならびかた／0と　いう　かず

\もんだいを きちんと よもう！/

[1つも　ない　ことを、すうじで　0（れい）と　かきます。]

1 かずが　おおきい　ほうに　○（まる）を　つけましょう。 教 18～19ページ

20てん(1つ10)

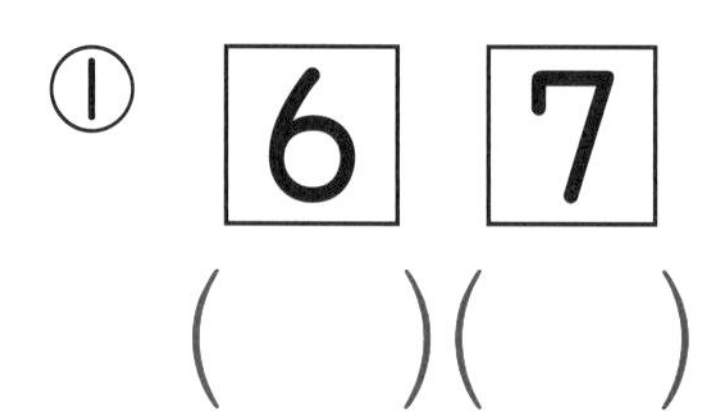

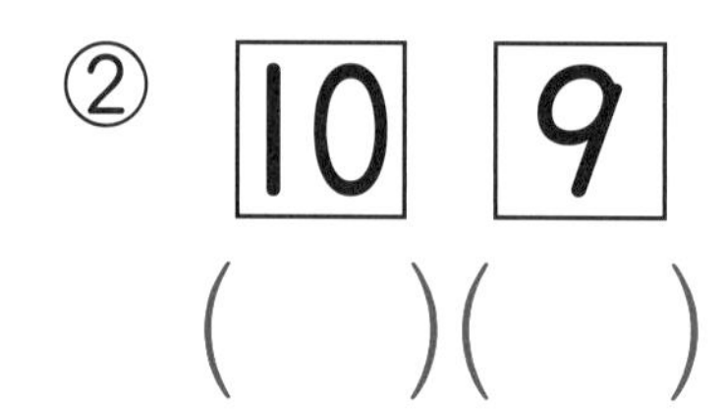

2 □（しかく）に　あてはまる　かずを　かきましょう。 教 19ページ

20てん(1つ5)

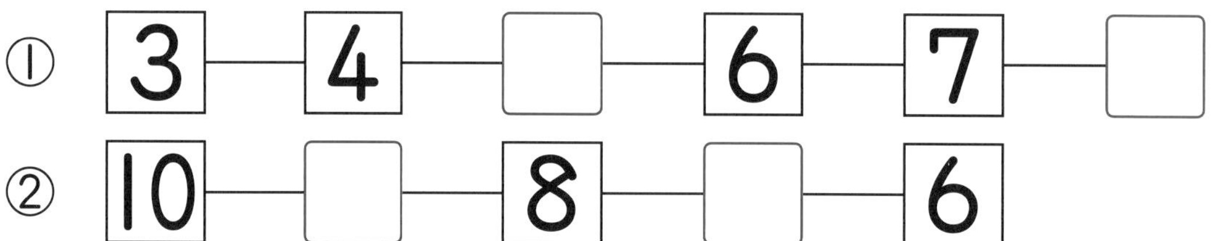

3 はいった　わの　かずは　なんこでしょうか。 教 20ページ

60てん(1つ20)

①

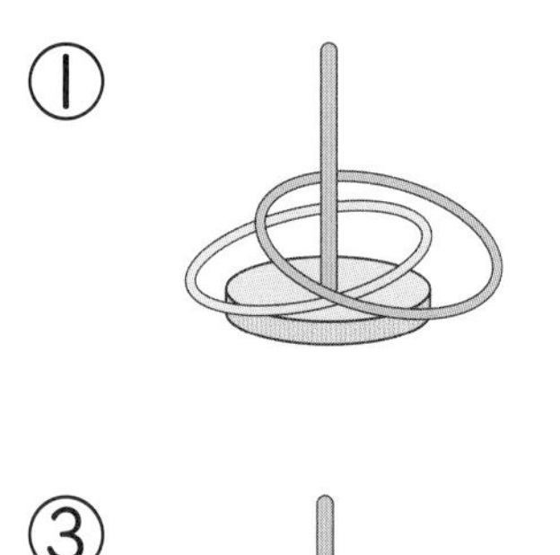

②

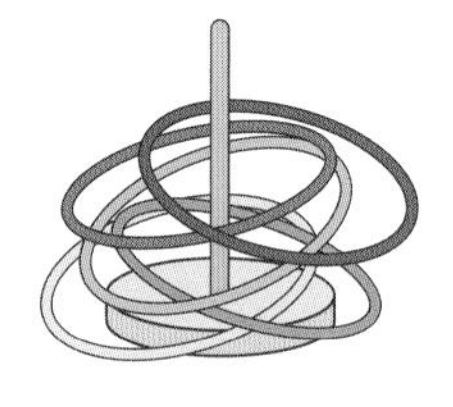

③

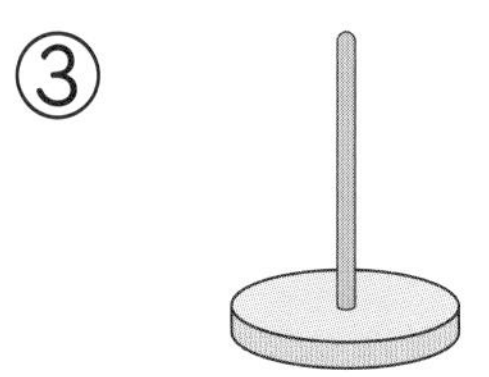

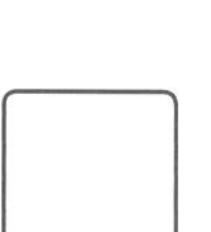

0は　うえから
かきます。
0

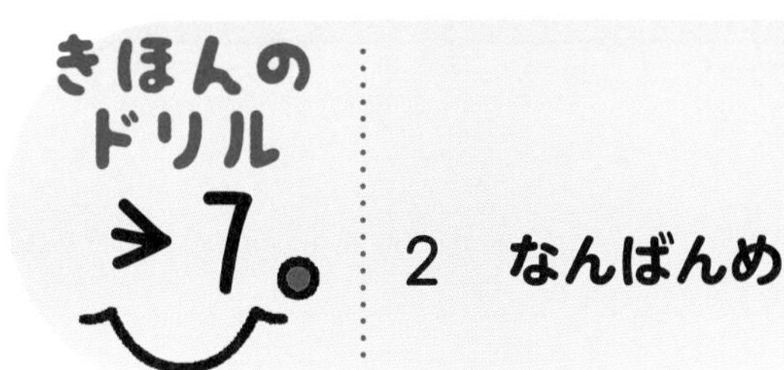

2　なんばんめ ……(1)

ごうかく 80てん　/100

＼もんだいを きちんと よもう！／

[なんばんめの　ものは　ひとつだけです。]

1 せんで　かこみましょう。 教27ページ　40てん(1つ20)

① まえから　4だい

まえ      うしろ

② まえから　4だいめ

まえ      うしろ

②は
1だいだけ
せんで
かこみます。

2 いろを　ぬりましょう。 教27ページ　40てん(1つ20)

① ひだりから　3わ

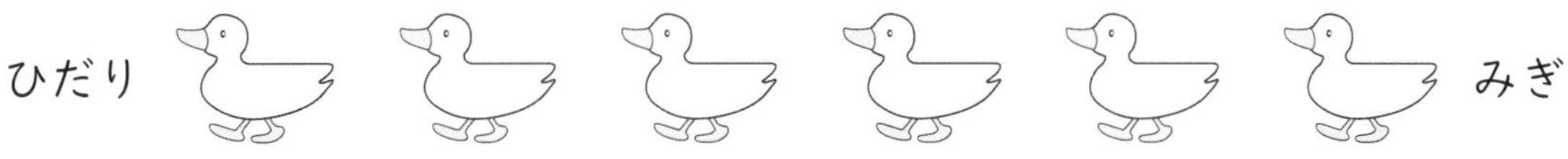
ひだり      みぎ

② ひだりから　3わめ

ひだり      みぎ

3 まえから　5にんめは　だれでしょうか。 教27ページ　20てん

ゆみ　かずお　ゆうた　ひろみ　みよ　あきこ　さとる　(　　　　　)さん

きょうかしょ 25〜28ページ

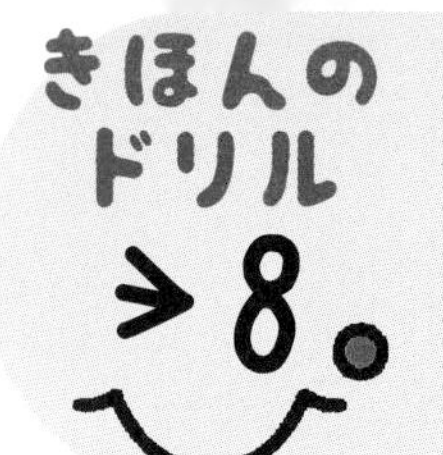

ごうかく 80てん /100

がつ　にち

こたえ 82ページ

2　なんばんめ　……(2)

＼もんだいを きちんと よもう！／

［「まえから　なんばんめ」、「うしろから　なんばんめ」の　2つの　いいかたが　あります。］

1 □(しかく)に　あてはまる　かずを　かきましょう。 教29ページ

40てん(1つ20)

① まえから　こうたさんまでで □ にんです。

② まりさんは　まえから □ ばんめです。

2 □に　あてはまる　かずを　かきましょう。 教29ページ

60てん(1つ20)

① まえから □ ばんめの　ひとは　ボール(ぼーる)を　もって　います。

② うしろから □ にんの　ひとは　すわって　います。

③ みどりさんは　うしろから □ ばんめです。

きょうかしょ 28〜29ページ

きほんのドリル
>9。

3 いま なんじ

\もんだいを きちんと よもう！/

[なんじ、なんじはんの とけいを よみます。]

1 とけいを よみましょう。 教32ページ 70てん(1つ10)

みじかい はりが 

を、

ながい はりが  を

さして いるから、

です。

ちょうど なんじの ときの ながい はりは 12を さします。

みじかい はりが 

と 

の

あいだで、ながい はりが  を

さして いるから、

です。

なんじはんの ときの ながい はりは 6を さすね。

2 とけいを よみましょう。 

30てん(1つ15)

① 

② 

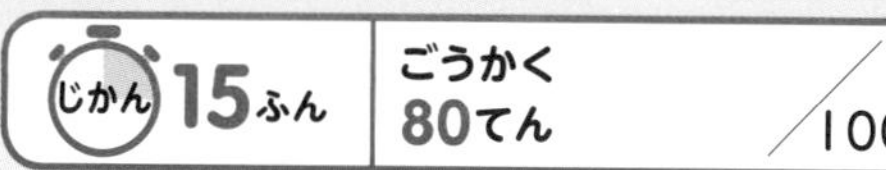

4　いくつと　いくつ　……(1)

\もんだいを きちんと よもう！/

[5は　いくつと　いくつ、6は　いくつと　いくつ]

1　5こに　なるように、●(くろまる)を　かきましょう。 教36ページ

30てん(1つ15)

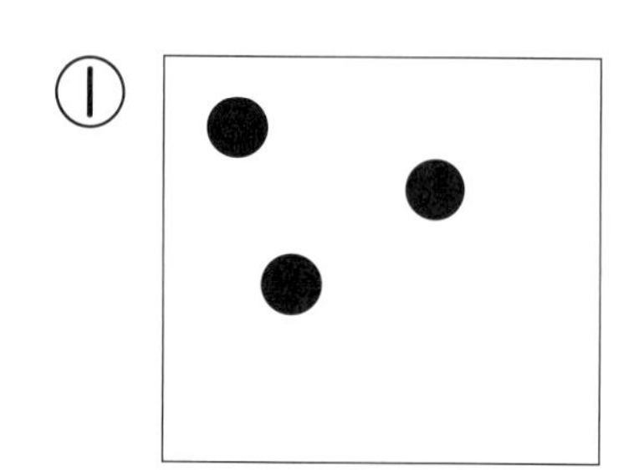

2　6こ　あります。かくした (おはじき)は　いくつでしょうか。

教37ページ　30てん(1つ15)

①　(　　　)

②　(　　　)

3　6こに　なるように、せんで　むすびましょう。

教37ページ　40てん(1つ10)

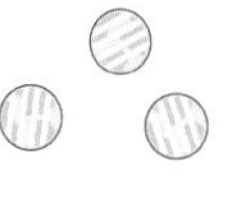

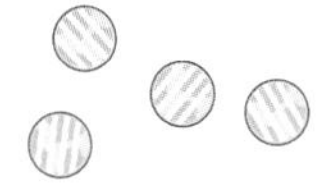

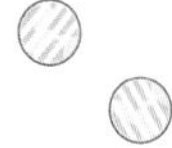

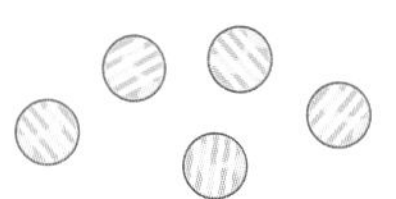

きょうかしょ 35〜37ページ

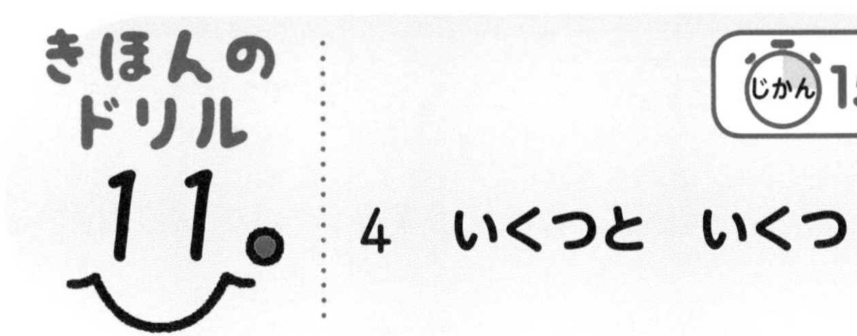

がつ　にち

4　いくつと　いくつ　……(2)

＼もんだいを　きちんと　よもう！／

［7は　いくつと　いくつ、8は　いくつと　いくつ］

1　7に　なるように、いろを　ぬりましょう。 教38ページ

30てん(1つ10)

①
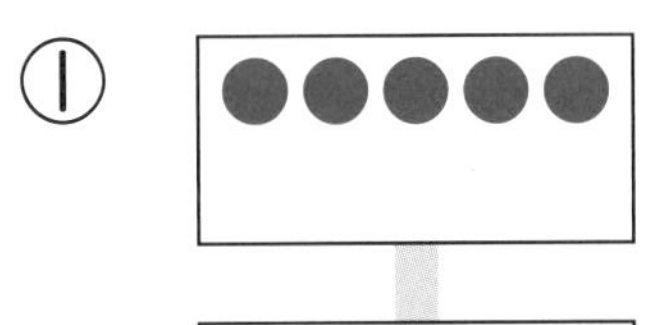
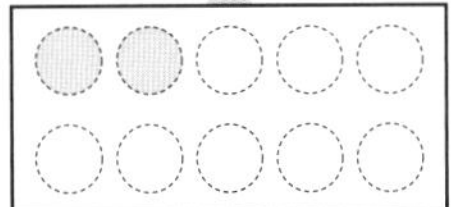

②
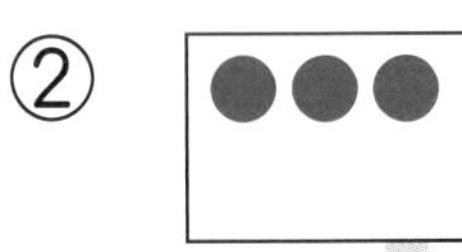
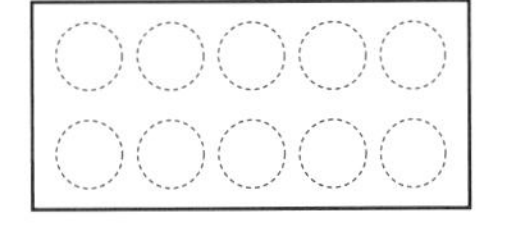

③

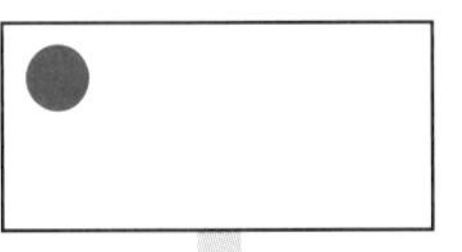
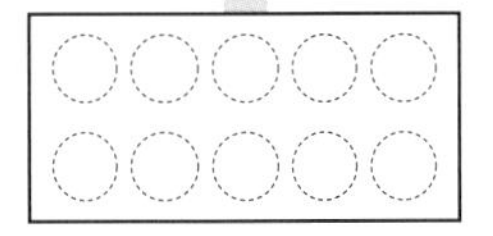

2　7に　なるように、せんで　むすびましょう。

教38ページ　40てん(1つ10)

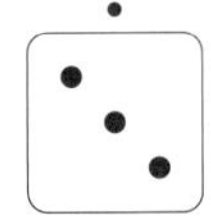

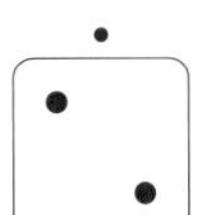

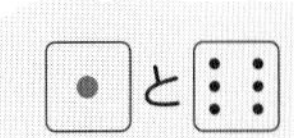

3　あと　いくつで　8に　なるでしょうか。 教39ページ

30てん(1つ10)

①

(　　　)

②
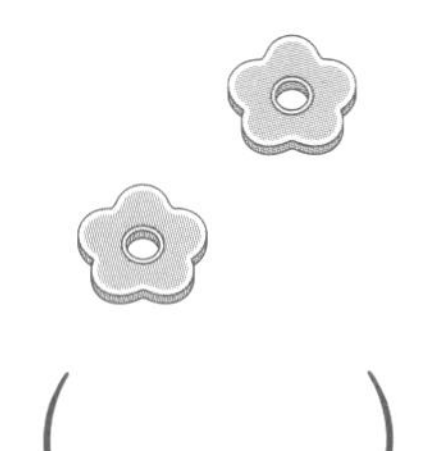
(　　　)

③
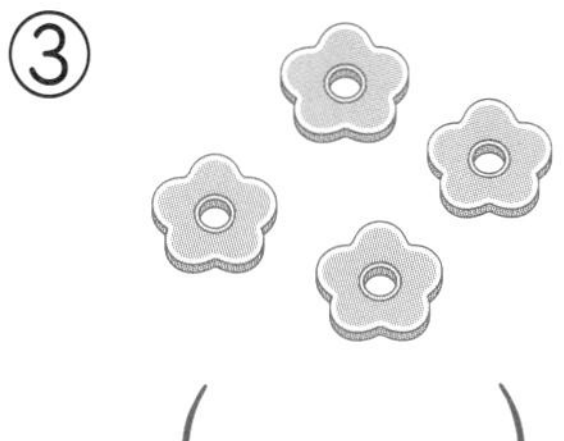
(　　　)

がつ　にち

4　いくつと　いくつ　……(3)

＼もんだいを　きちんと　よもう！／

［9は　いくつと　いくつ］

1　9に　なるように、いろを　ぬりましょう。 教40ページ

30てん(1つ10)

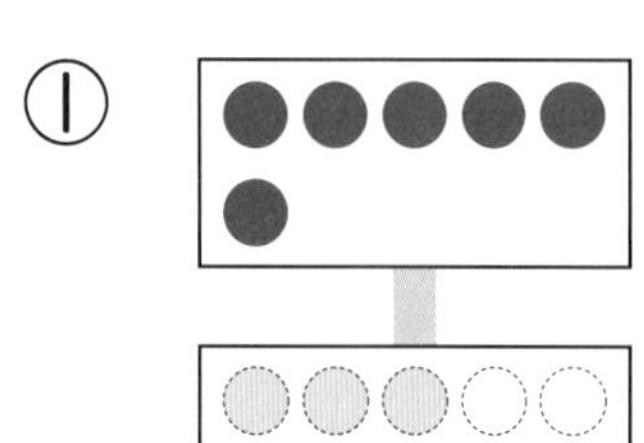

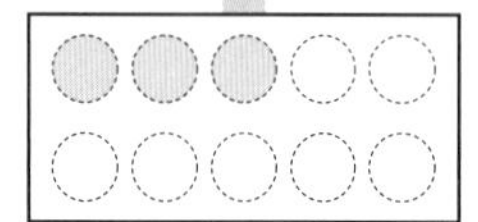

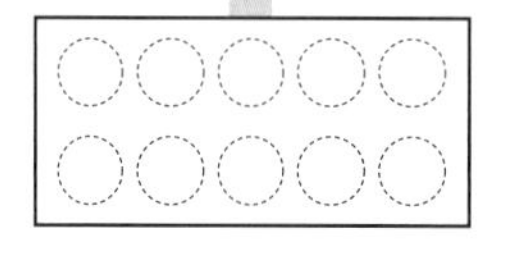

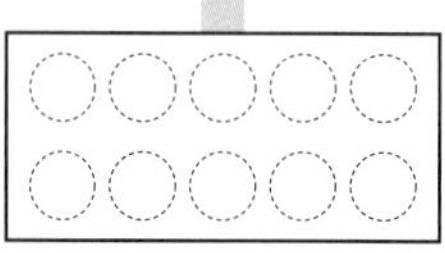

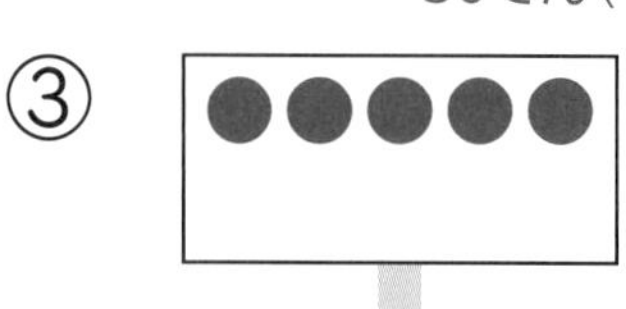

2　9こ　あります。かくした　□は　いくつでしょうか。

教40ページ　20てん(1つ10)

①　(　　　)

②　(　　　)

3　9に　なるように、せんで　むすびましょう。

教40ページ　50てん(1つ10)

4	1	3	7	5
・	・	・	・	・
・	・	・	・	・
8	4	2	5	6

4と 5で 9

きょうかしょ 40ページ

じかん 15ふん | ごうかく 80てん | /100

がつ　にち

サクッと こたえ あわせ

こたえ 83ページ

4　いくつと　いくつ ……(4)

\もんだいを きちんと よもう！/

［10は　いくつと　いくつ］

1　10こ　あります。かくした □ は　いくつでしょうか。

教41ページ　40てん(1つ20)

① (　　　)

② (　　　)

10は
7と　？

2　あと　いくつで　10に　なるでしょうか。　教41～42ページ

30てん(1つ10)

①

② 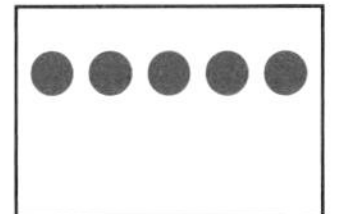

③ 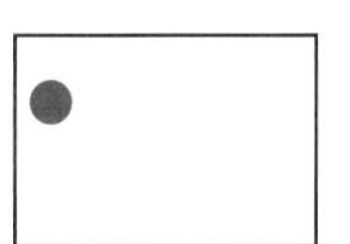

(　　　)　(　　　)　(　　　)

3　10は　いくつと　いくつでしょうか。□(しかく)に　あてはまる　かずを　かきましょう。　教41～42ページ　30てん(1つ10)

① 10 → 3 と 7

② 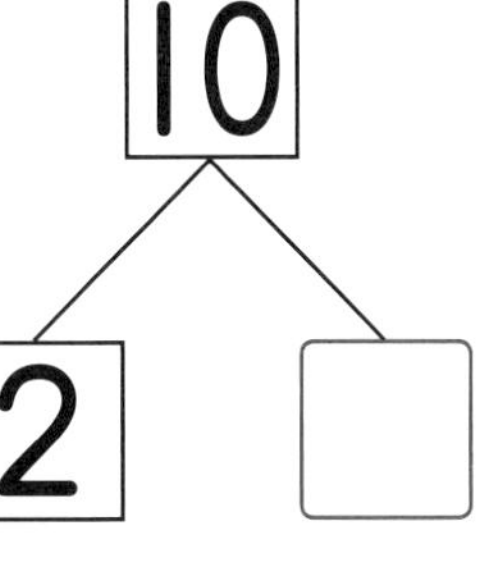

③ 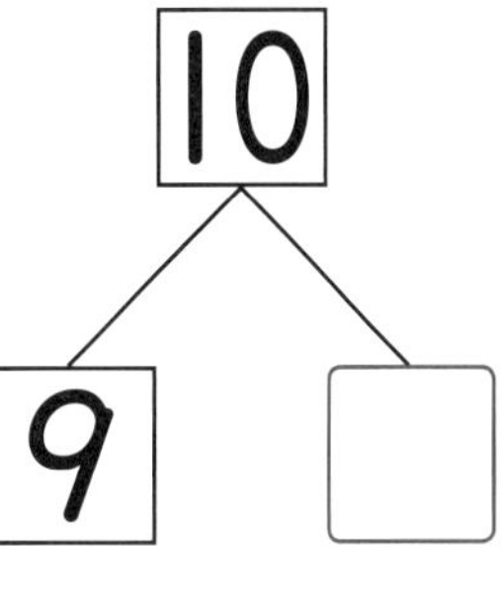

5　ぜんぶで　いくつ ……(1)

ふえると　いくつ ……(1)

＼もんだいを きちんと よもう！／

[「ふえると　いくつ」の　おはなしを　しきに　あらわします。]

1 えを　みて　こたえましょう。 教45ページ　60てん(1つ10)

① おはなしを　つくりましょう。

「すずめが　□わ　います。□わ　とんで　くると、ぜんぶで　□わに　なります。」

② この　ことを　しきに　かくと、

しき　4＋2＝6

(4　たす　2　は　6)

こたえ　□わ

2 ふえると　なんぼんに　なるでしょうか。 教46ページ1　40てん(1つ10)

しき　□＋□＝□

こたえ　□ほん

ごうかく 80てん　/100

がつ　にち

サクッと こたえ あわせ

こたえ 83ページ

5　ぜんぶで　いくつ ……(2)
ふえると　いくつ ……(2)

\もんだいを きちんと よもう！/

[「ふえると　いくつ」は　たしざんの　しきに　かきます。]

1 おさらの　いちごは　なんこに　なるでしょうか。

教47ページ①　20てん(しき10・こたえ10)

はじめに　3こ

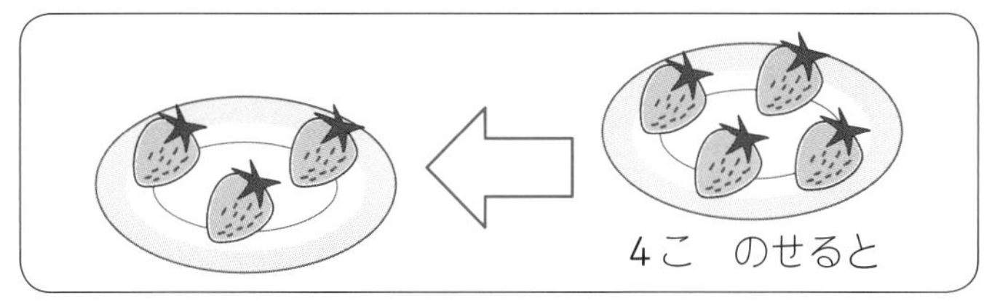

しきを　かいて
こたえを
もとめましょう。

しき　[＋ ＝]　　こたえ [　] こ

2 はなは　なんぼんに　なるでしょうか。 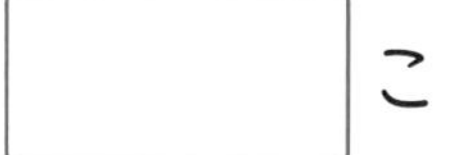

60てん(1つ20)

はじめに [　] ぼん

3ぼん　ふえると、なんぼんに
なるでしょうか。

しき [　]

こたえ [　] ぼん

3 けいさんを　しましょう。 教48ページ④　20てん(1つ10)

① $2+2=$ [4]　　② $3+1=$ [　]

きょうかしょ 47〜48ページ

15ふん　ごうかく 80てん　/100

がつ　にち

サクッと こたえ あわせ　こたえ 84ページ

5　ぜんぶで　いくつ ……(3)
あわせて　いくつ ……(1)

\もんだいを きちんと よもう！/

[「あわせて　いくつ」の　こたえも、たしざんで　もとめます。]

1 あわせると　なんびきに　なるでしょうか。

教49ページ2　30てん(1つ10)

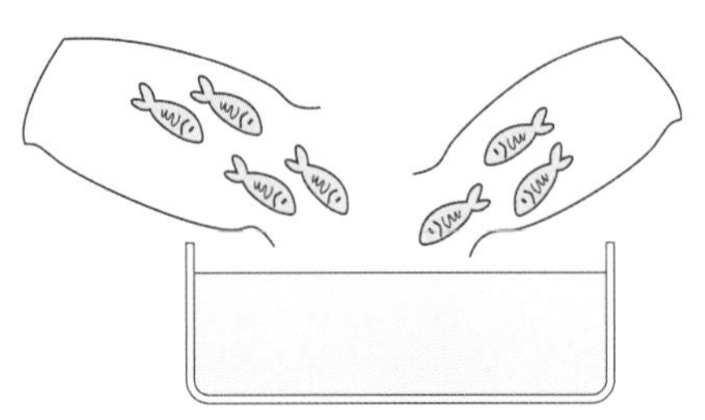

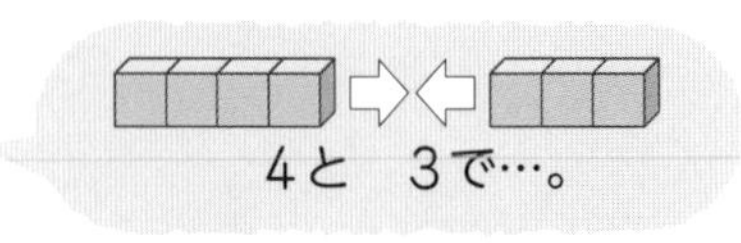

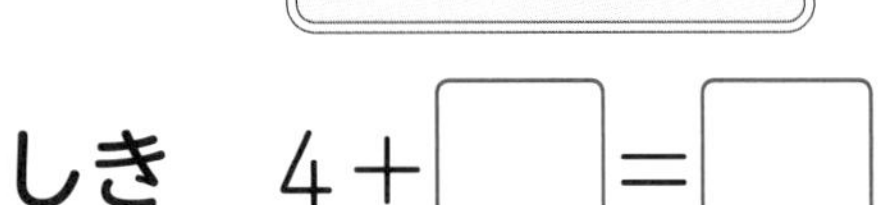

しき　4＋□＝□　　　こたえ □ ひき

2 あわせると　いくつに　なるでしょうか。たしざんの　しきに かきましょう。　教50ページ⑤　40てん(1つ10)

① 

□＋□＝□

② 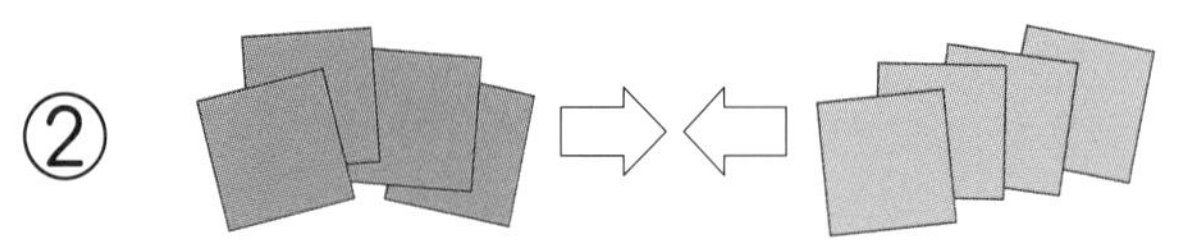

3 3びきと　5ひきを　あわせると、なんびきに　なる でしょうか。　教50ページ⑥　30てん(しき15・こたえ15)

しき □

こたえ □ ひき

きほんの ドリル 17。

ごうかく 80てん　　/100

がつ　にち

5　ぜんぶで　いくつ ……(4)
あわせて　いくつ ……(2)

＼もんだいを きちんと よもう！／

［しきを　かいて、こたえを　もとめます。］

1 いぬが　4ひき　います。5ひき　くると、ぜんぶで　なんびきに　なるでしょうか。 教51ページ3

30てん（しき15・こたえ15）

しき

こたえ　　ひき

2 えんぴつを、6にんに　1ぽんずつ　くばりました。えんぴつは、まだ　3ぼん　のこって　います。

えんぴつは、ぜんぶで　なんぼん　あったでしょうか。

教52ページ9　30てん（しき15・こたえ15）

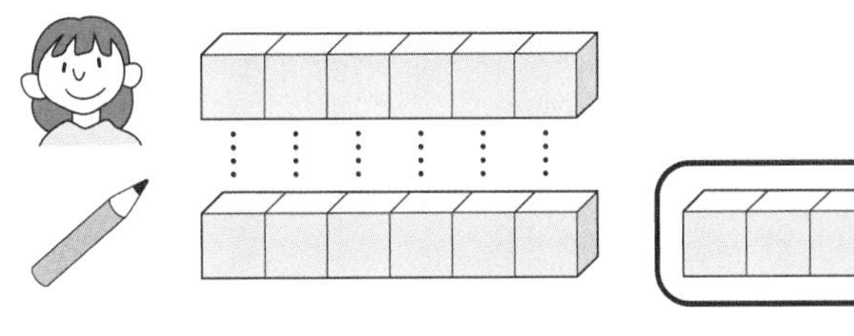

しき

こたえ　　ほん

3 けいさんを　しましょう。 教52ページ10　40てん（1つ10）

① 1＋5＝

② 4＋3＝

③ 6＋2＝

④ 5＋5＝

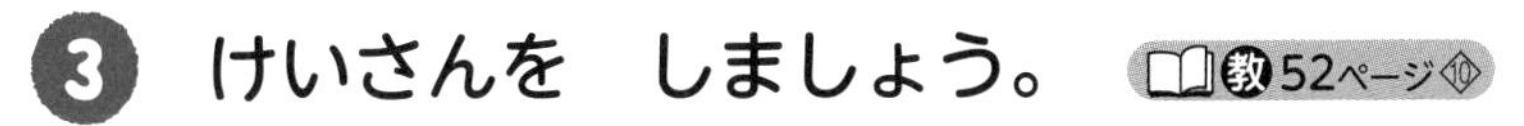

ごうかく 80てん　／100

がつ　にち

5　ぜんぶで　いくつ ……(5)
あわせて　いくつ ……(3)

サクッと こたえあわせ
こたえ 84ページ

＼もんだいを きちんと よもう！／
[0を　たしても　かずは　かわりません。]

1 わなげを　しました。１かいめと　２かいめに　はいった　かずを　あわせると、いくつに　なるでしょうか。 教53ページ4

20てん(1つ5)

① １かいめ　２かいめ

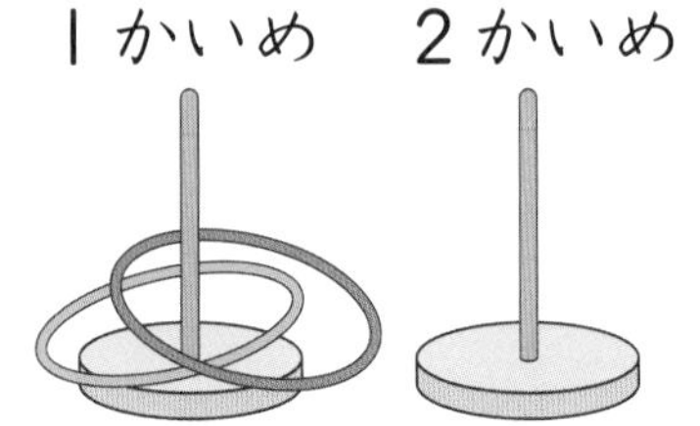

2＋0＝[2]

② １かいめ　２かいめ

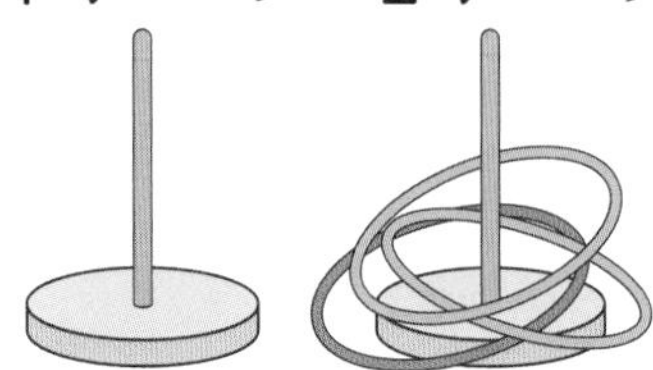

[0]＋[ ]＝[ ]

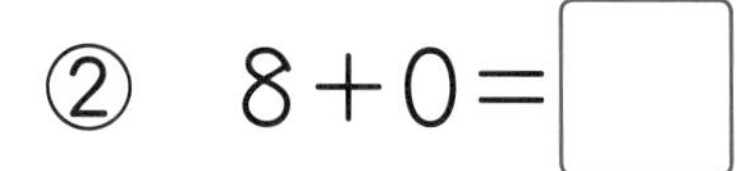

2 けいさんを　しましょう。 教53ページ⑫

80てん(1つ10)

① 5＋0＝[ ]　② 8＋0＝[ ]

③ 9＋0＝[ ]　④ 1＋0＝[ ]

⑤ 0＋4＝[ ]　⑥ 0＋6＝[ ]

⑦ 0＋7＝[ ]　⑧ 0＋0＝[ ]

きょうかしょ 53ページ

5　ぜんぶで　いくつ ……(6)
あわせて　いくつ ……(4)

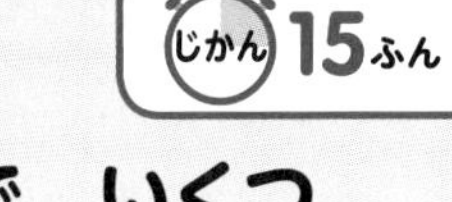

ごうかく 80てん　/100

がつ　にち

\もんだいを きちんと よもう！/

[けいさんカード（かーど）の　うらには、おもての　こたえが　かいて　あります。]

1 おなじ　カードの　おもてと　うらを、せんで　つなぎましょう。 教54ページ5　40てん(1つ10)

(おもて)　5＋2　3＋3　8＋1　4＋4

(うら)　9　7　8　6

2 こたえが　おなじ　カードは　どれでしょうか。 教55ページ6　60てん(1つ15)

① 1＋4　(　　　)

② 3＋5　(　　　)

③ 1＋6　(　　　)

④ 5＋5　(　　　)

㋐ 4＋4
㋑ 4＋6
㋒ 2＋5
㋓ 2＋3

きごうで
こたえましょう。

きょうかしょ 54〜55ページ

ごうかく 80てん /100

5 ぜんぶで いくつ ……(1)

1 けいさんを しましょう。

40てん(1つ10)

① 2+3=□　② 7+1=□

③ 6+2=□　④ 1+9=□

2 けいさんを しましょう。

20てん(1つ10)

① 6+0=□　② 0+4=□

3 くるまが 3だい とまって います。2だい くると、ぜんぶで なんだいに なるでしょうか。

20てん(しき10・こたえ10)

しき □

こたえ □ だい

4 □(しかく)に あてはまる かずを かきましょう。

20てん(1つ10)

①

(おもて) 4+1

(うら) □

②

(おもて) 5+□

(うら) 8

きょうかしょ 45〜55ページ

ごうかく 80てん　／100

がつ　にち

サクッと こたえあわせ

5　ぜんぶで　いくつ　……(2)

1 けいさんを　しましょう。　60てん（1つ10）

① 1＋5＝□　② 7＋2＝□

③ 3＋3＝□　④ 2＋5＝□

⑤ 3＋6＝□　⑥ 6＋4＝□

よくよんで！

2 あかい　はなが　3ぼん、しろい　はなが　7ほん　さいて　います。はなは　ぜんぶで　なんぼん　さいて　いるでしょうか。　20てん（しき10・こたえ10）

しき □

こたえ □ ぽん

3 こたえが　おなじ　カード（かーど）は　どれと　どれでしょうか。　20てん（1つ10）

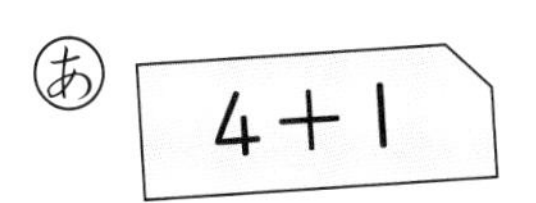

い 3＋5

う 6＋2

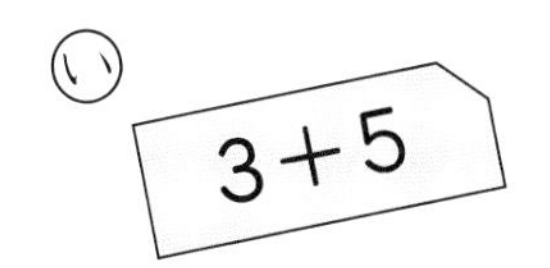

（　と　）

（　と　）

ごうかく 80てん ／100

6　のこりは　いくつ　……(1)

＼もんだいを きちんと よもう！／

[「のこりは　いくつ」の　おはなしを　しきに　あらわします。]

1 えを　みて　こたえましょう。 教59ページ　60てん(1つ10)

① おはなしを　つくりましょう。

「すずめが　[5]　わ　います。[　]　わ　とんで　いくと、のこりは　[　]　わに　なります。」

② この　ことを　しきに　かくと、

しき　5－[2]＝[3]

(5　ひく　2　は　3)

こたえ　[　]　わ

2 のこりは　なんびきに　なるでしょうか。 教60ページ1　40てん(1つ10)

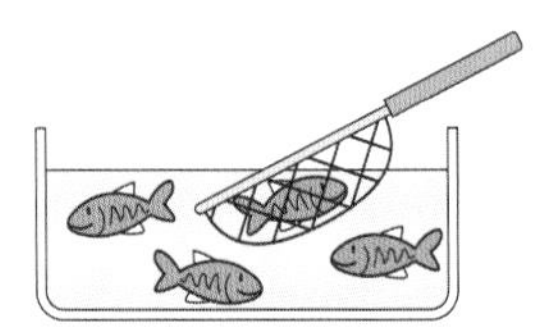

しき　[4]－[　]＝[　]

こたえ　[　]　びき

じかん 15ふん　ごうかく 80てん　/100

がつ　にち

サクッと こたえあわせ　こたえ 85ページ

6 のこりは いくつ ……(2)

\もんだいを きちんと よもう！/

[「のこりは　いくつ」は　ひきざんの　しきに　かきます。]

1 のこりは　なんまいに　なるでしょうか。　教62ページ②

40てん（しき20・こたえ20）

はじめに　6まい

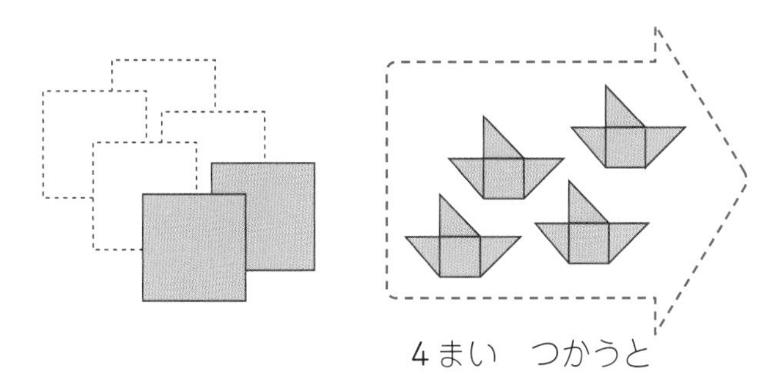

しき [　　－　　＝　　]　　こたえ [　　] まい

\よくよんで！/

2 くるまが　7だい　とまって　います。3だい　でて　いくと、のこりは　なんだいに　なるでしょうか。

教62ページ③　40てん（しき20・こたえ20）

しき [　　　　]

こたえ [　　] だい

3 けいさんを　しましょう。　教62ページ④　20てん（1つ10）

① 3－1＝[2]　　② 6－2＝[　　]

きょうかしょ 62ページ

じかん 15ふん　ごうかく 80てん　/100

がつ　にち

こたえ 85ページ

6　のこりは　いくつ　……(3)

＼もんだいを きちんと よもう！／

［しきを　かいて、こたえを　もとめます。］

ミスにちゅうい！

1 りすが　10ぴき　います。その　うち　3びきは　どんぐりを　もって　います。どんぐりを　もって　いない　りすは　なんびき　いるでしょうか。

教63ページ2　30てん（しき15・こたえ15）

しき ［　　　］

こたえ ［　　］ ひき

よくよんで！

2 ジュース（じゅーす）が　6ぽん　あります。4にんの　こどもが　1ぽんずつ　のむと、のこりは　なんぼんに　なるでしょうか。 教64ページ7

30てん（しき15・こたえ15）

しき ［　　　］

こたえ ［　　］ ほん

3 けいさんを　しましょう。 教64ページ8　40てん（1つ10）

① $4-3=$ ［　］

② $8-4=$ ［　］

③ $9-1=$ ［　］

ミスにちゅうい！

④ $10-6=$ ［　］

きょうかしょ 63～64ページ

じかん 15ふん　ごうかく 80てん　／100

がつ　にち

6　のこりは　いくつ ……(4)

＼もんだいを　きちんと　よもう！／

[0を　ひいても　かずは　かわりません。]

1 のこりは　なんこに　なるでしょうか。　教65ページ3　20てん(1つ5)

①

4こ　たべると

4－□＝0

②

たべないと

4－0＝□

2 おりがみが　5まいずつ　あります。それぞれ　のこりは　なんまいに　なるでしょうか。　教65ページ3　40てん(しき10・こたえ10)

① 2まい　つかうと

しき □

こたえ □ まい

② 1まいも　つかわないと

しき □

こたえ □ まい

3 けいさんを　しましょう。　教65ページ9　40てん(1つ10)

① 6－6＝□　② 9－9＝□

③ 8－0＝□　④ 0－0＝□

きょうかしょ 65ページ

ごうかく 80てん
/100

6　のこりは　いくつ　……(5)

\もんだいを きちんと よもう！/

[けいさんカード(かーど)の　うらには、おもての　こたえが　かいて　あります。]

1 おなじ　カードの　おもてと　うらを　せんで　つなぎましょう。 教66ページ4

40てん(1つ10)

(おもて)	4－3	10－5	7－4	6－2
(うら)	3	5	4	1

2 こたえが　おなじ　カードは　どれでしょうか。 教67ページ5

60てん(1つ15)

① 5－2　(　　　　)

② 8－7　(　　　　)

③ 6－2　(　　　　)

④ 9－3　(　　　　)

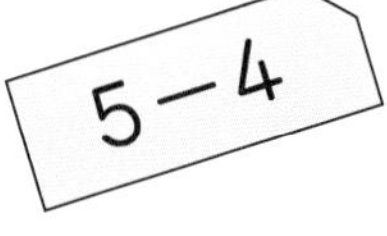

㋐ 8－2

㋑ 6－3

㋒ 5－4

㋓ 10－6

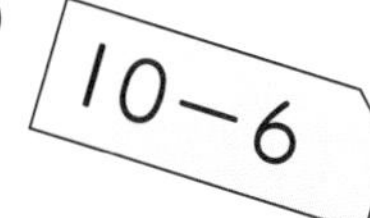

まとめのドリル 27

6 のこりは いくつ

ごうかく 80てん　／100

がつ　にち

こたえ 86ページ

1 けいさんを しましょう。　60てん（1つ10）

① 3−2＝□　② 7−5＝□

③ 4−1＝□　④ 8−8＝□

⑤ 6−4＝□　⑥ 10−8＝□

よくよんで！

2 ふうせんが 9こ あります。2こ われると、のこりは なんこに なるでしょうか。

20てん（しき10・こたえ10）

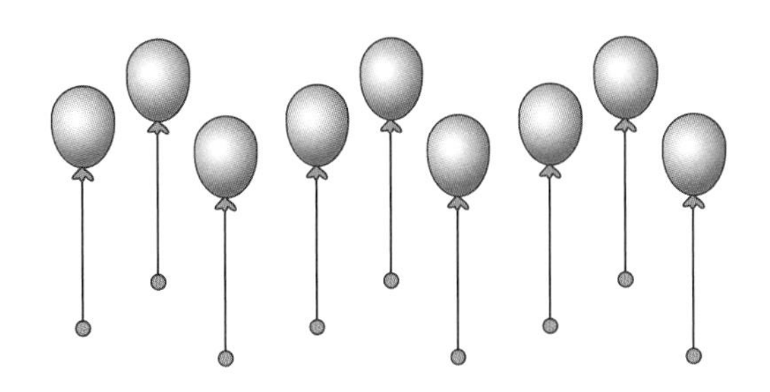

しき

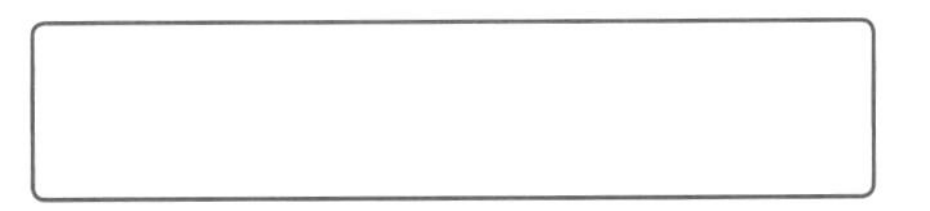

こたえ □こ

3 こたえが おなじ カード(かーど)は どれと どれでしょうか。

20てん（1つ10）

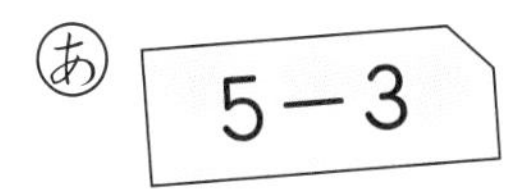

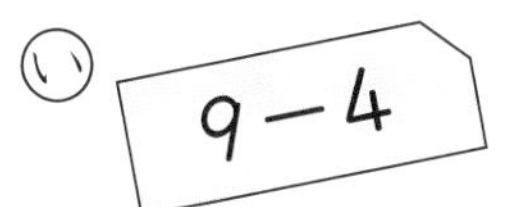

㋒ 8−6

㋓ 7−2

（　　と　　）

（　　と　　）

きょうかしょ 59〜67ページ

ごうかく 80てん　／100

がつ　にち

7　どれだけ　おおい　……(1)

＼もんだいを きちんと よもう！／

[「どれだけ　おおい」の　こたえは、ひきざんで　もとめます。]

1 りんごは　みかんより　なんこ　おおいでしょうか。

教72ページ1　40てん(1つ10)

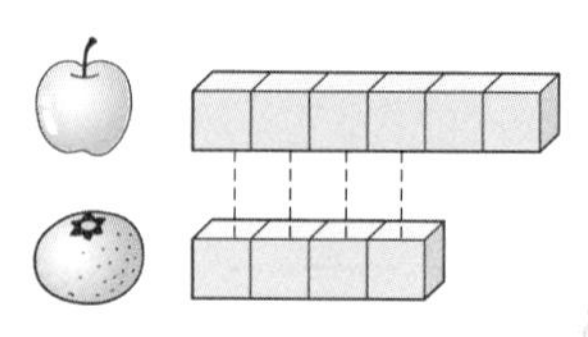

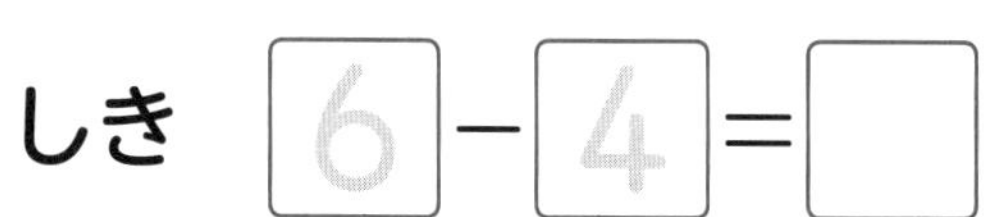

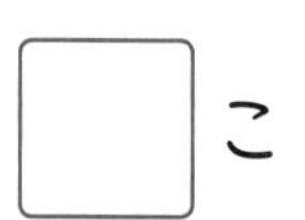

しき　[6]－[4]＝[　]　こたえ　[　]こ

2 どちらが　なんびき　おおいでしょうか。　教73ページ2

30てん(1つ10)

しき　[　　　　]

こたえ　[めだか]が　[　]ひき　おおい。

3 さくらんぼと　いちごは　どちらが　なんこ　おおいでしょうか。　教73ページ2

30てん(1つ10)

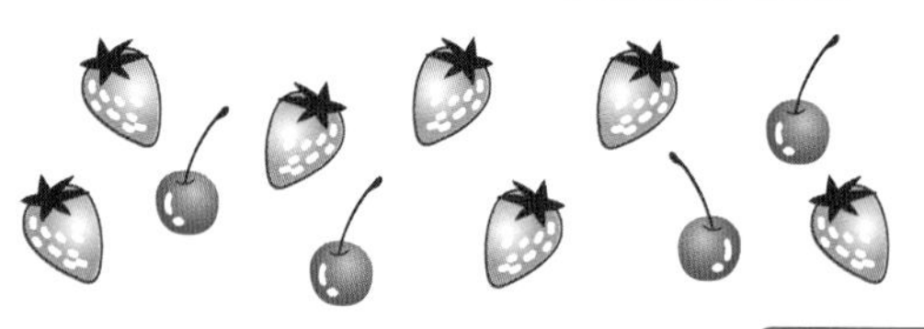

しき　[　　　　]

こたえ　[　　　]が　[　]こ　おおい。

ごうかく 80てん /100

がつ　にち

こたえあわせ　サクッとこたえあわせ　こたえ 86ページ

7　どれだけ　おおい ……(2)

ちがいは　いくつ

もんだいを きちんと よもう！

[「ちがいは　いくつ」の　こたえも　ひきざんで　もとめます。]

1 サッカーボール(さっかーぼーる)と　やきゅうボールの　かずの　ちがいは　なんこでしょうか。 教74ページ3　40てん(1つ20)

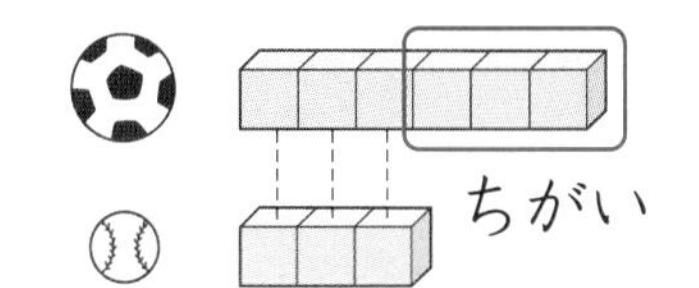

6と　3の　ちがいは…。

しき　6 − 3 ＝

こたえ　□ こ

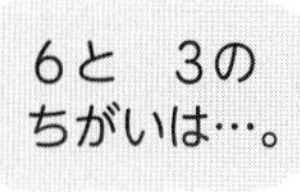

よくよんで！

2 プール(ぷーる)で、ぼうしを　かぶって　いる　ひとが　5にん、かぶって　いない　ひとが　ひとり　います。かずの　ちがいは　なんにんでしょうか。 教74ページ③

30てん(しき15・こたえ15)

しき □

こたえ □ にん

3 えんぴつと　キャップ(きゃっぷ)の　かずの　ちがいは　いくつでしょうか。 教74ページ③

30てん(しき15・こたえ15)

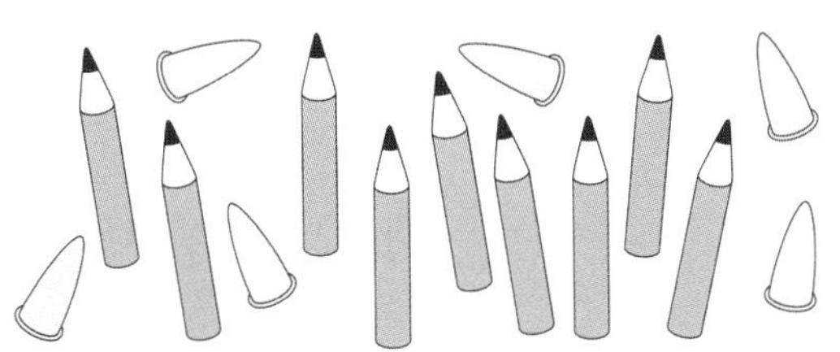

しき □

こたえ □ つ

きょうかしょ 74ページ

がつ　にち

いくつかな／なんばんめ／いま　なんじ

1 かずが　おおきい　ほうに　○(まる)を　つけましょう。　30てん（1つ10）

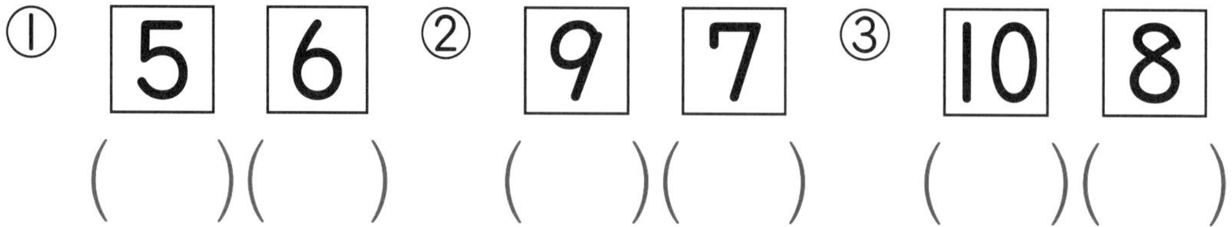

（　）（　）　（　）（　）　（　）（　）

2 □(しかく)に　あてはまる　かずを　かきましょう。　40てん（1つ10）

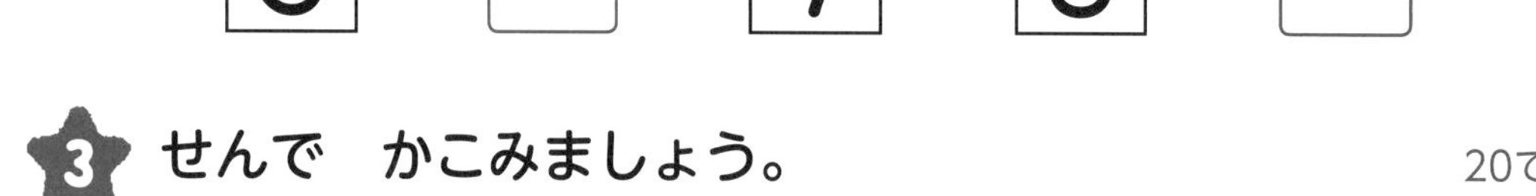

3 せんで　かこみましょう。　20てん（1つ10）

① まえから　4ひき

② まえから　4ひきめ

4 とけいを　よみましょう。　10てん（1つ5）

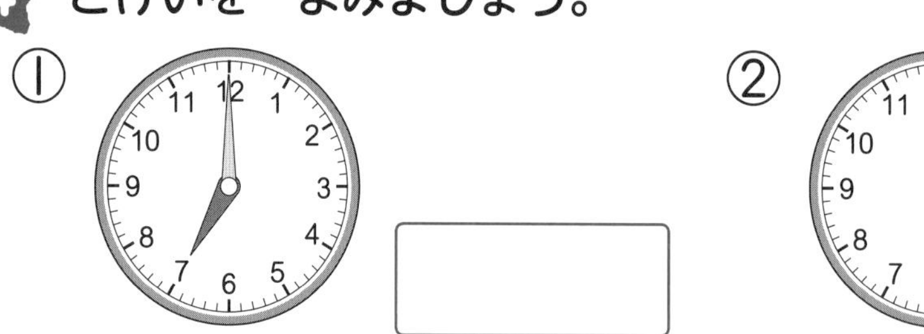

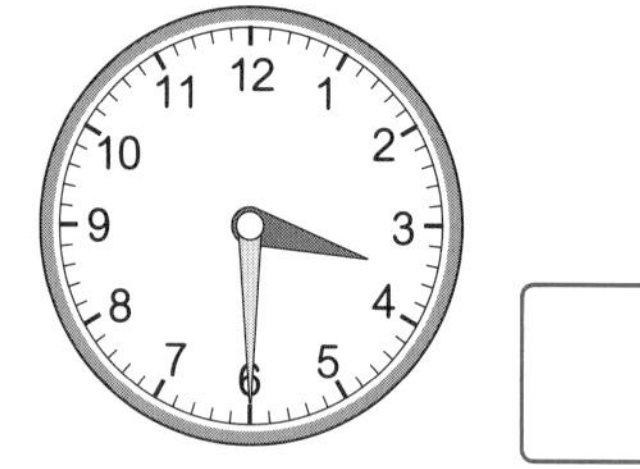

ごうかく 80てん　／100

がつ　にち

いくつと　いくつ／ぜんぶで　いくつ

1 あと　いくつで　9に　なるでしょうか。　10てん（1つ5）

①
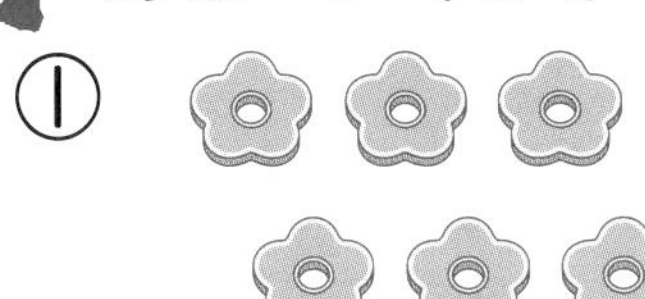
（　　　）

② ●●●●
（　　　）

2 10は　いくつと　いくつでしょうか。　10てん（1つ5）

① 3 と □　　② 8 と □

3 けいさんを　しましょう。　60てん（1つ10）

① 6＋1＝□　　② 3＋2＝□

③ 2＋7＝□　　④ 9＋0＝□

⑤ 4＋6＝□　　⑥ 5＋3＝□

4 あかえんぴつが　3ぼん、くろえんぴつが　7ほん　あります。えんぴつは　ぜんぶで　なんぼん　あるでしょうか。　20てん（しき10・こたえ10）

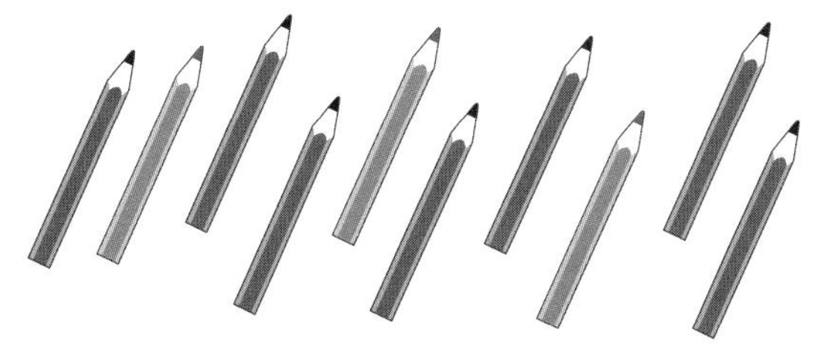

しき □

こたえ □ ぽん

ごうかく 80てん　／100

がつ　にち

こたえ 87ページ

のこりは　いくつ／どれだけ　おおい

1 けいさんを　しましょう。

50てん（1つ10）

① $5-1=\square$

② $8-5=\square$

③ $9-4=\square$

④ $10-1=\square$

⑤ $6-6=\square$

2 ケーキ（けーき）が　5こ　あります。3こ　たべると、のこりは　なんこに　なるでしょうか。

20てん（しき10・こたえ10）

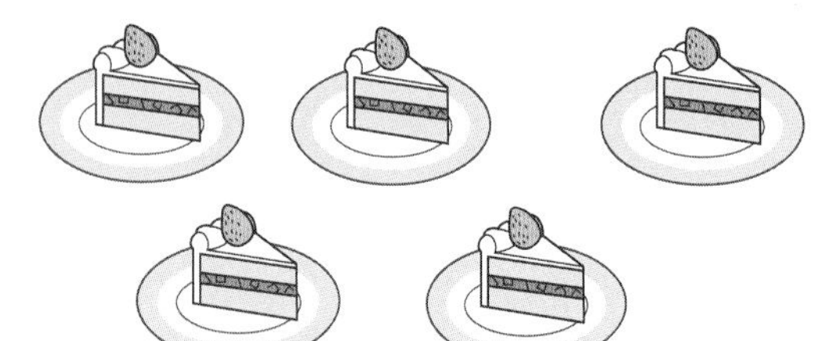

しき ☐

こたえ ☐ こ

3 じてんしゃが　4だい、いちりんしゃが　6だい　あります。どちらが　なんだい　おおいでしょうか。

30てん（1つ10）

しき ☐

こたえ ☐ が ☐ だい　おおい。

8 10より 大きい かず ……(1)

\もんだいを きちんと よもう！/

[じゅういくつは、10と いくつに わけられます。]

1 いくつ あるでしょうか。 教78～81ページ　30てん(1つ10)

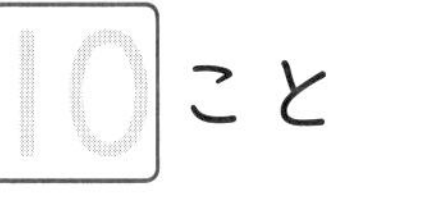

10こと □こで

□こです。

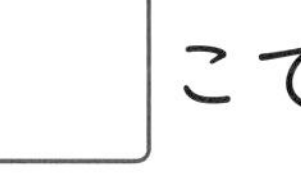

10この まとまりを
つくると
かぞえやすく なるね。

2 いくつ あるでしょうか。 教82ページ3　20てん(1つ10)

① 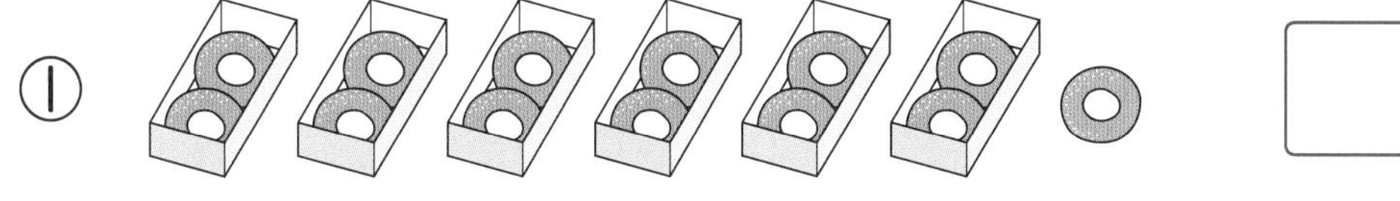 □こ

②     □ほん

3 □(しかく)に あてはまる かずを かきましょう。 教83ページ4　20てん(1つ10)

① 10と □で 19　② □は 10と 10

4 □に あてはまる かずを かきましょう。 教83ページ◇1　30てん(1つ10)

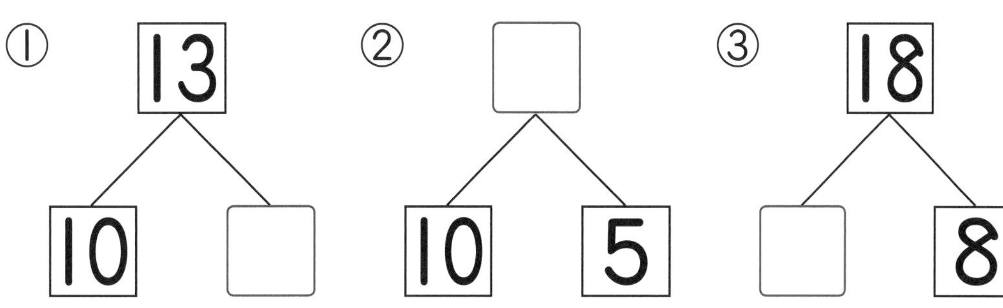

きょうかしょ 77～83ページ

がつ　にち

サクッと こたえあわせ

こたえ 87ページ

8　10より　大きい　かず　……(2)

＼もんだいを　きちんと　よもう！／

[まえから　10ばんめの　つぎの　ひとは　11ばんめです。]

1 □に　あてはまる　かずを　かきましょう。
また、18を　あらわす　ところに　↑を　かきましょう。　教84～85ページ5　40てん(1つ10)

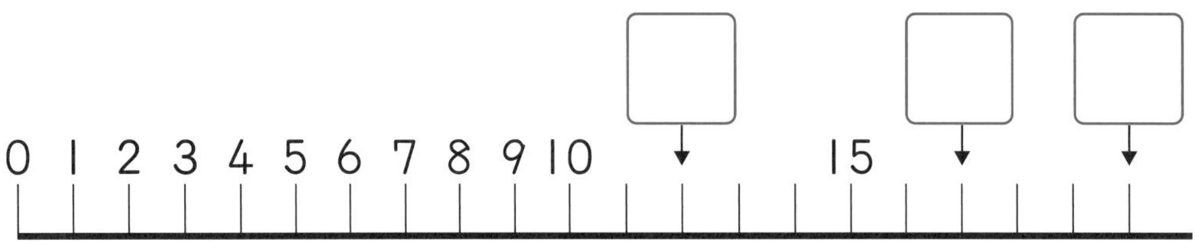

2 □に　あてはまる　かずを　かきましょう。　教84ページ③　40てん(1つ10)

① 20－□－18－17－□－15

② 16より　3　大きい　かずは　□です。

③ 17より　2　小さい　かずは　□です。

3 えを　みて　こたえましょう。　教84ページ④　20てん(1つ10)

① まえから　11人を　せんで　かこみましょう。

② みどりさんは　まえから　なんばんめでしょうか。

(　　　)ばんめ

きょうかしょ 84～85ページ

きほんの
ドリル
35。

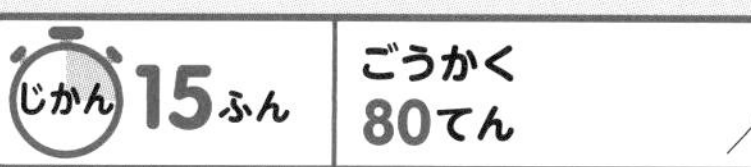

8 10より 大きい かず ……(3)

\もんだいを きちんと よもう！/

[かずの 大(おお)きさを くらべましょう。]

1 かずが 大きい ほうに ○(まる)を つけましょう。 教85ページ6

30てん(1つ10)

① 15 16 ( )( )　② 20 17 ( )( )　③ 13 3 ( )( )

2 かずが 小(ちい)さい ほうに ○を つけましょう。 教85ページ6

30てん(1つ10)

① 10 13 ( )( )　② 18 14 ( )( )　③ 12 20 ( )( )

3 いいかえた とき、あてはまる すうじと ことばを かきましょう。 教85ページ5

40てん(1つ20)

かよ「16は 19より □ 小さい かずです。」

↕

たかし「19は 16より 3 □ かずです。」

きょうかしょ 85ページ

きほんのドリル 36。

ごうかく 80てん ／100

がつ にち

サクッとこたえあわせ

こたえ 88ページ

8 10より 大きい かず ……(4)

20より 大きい かず

\もんだいを きちんと よもう!/

[20と いくつ、30と いくつかを かんがえます。]

1 いくつ あるでしょうか。 教86ページ7 20てん(1つ10)

20まいと □まいで

まいです。

2 いくつ あるでしょうか。 教86ページ7 20てん(1つ10)

①

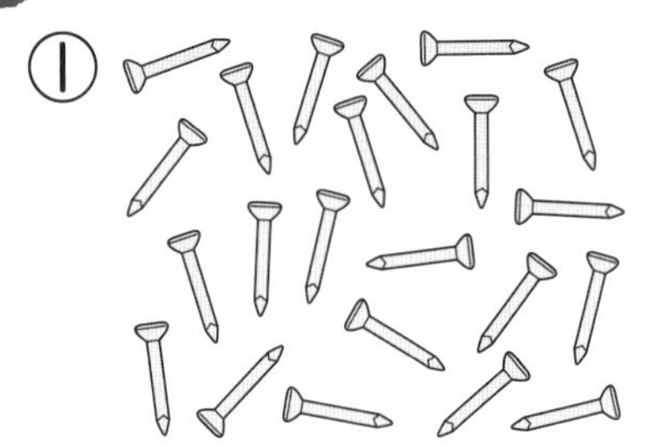

②

□ □

10こずつ
○で かこむと
かぞえやすいです。

3 □(しかく)に あてはまる かずを かきましょう。 教86ページ7

60てん(1つ10)

① 20と 3で □　② 20と 5で □

③ 30と 1で □　④ 30と 8で □

⑤ 29は 20と □　⑥ 37は □と 7

きょうかしょ 86ページ

ごうかく 80てん　／100

がつ　にち

こたえ 88ページ

サクッと こたえ あわせ

8　10より　大きい　かず ……(5)
たしざんと　ひきざん ……(1)

＼もんだいを きちんと よもう！／

［10＋4、14−4の　けいさんを　かんがえます。］

1　10＋4の　けいさん　教 87ページ 8　20てん

10に　4を　たした　かずを　しきに　あらわすと、10＋4と　なります。

$10+4=$ □

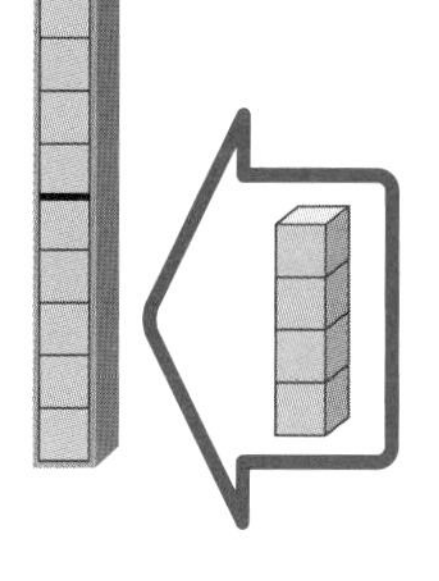

2　14−4の　けいさん　教 87ページ 9　20てん

14から　4を　ひいた　かずを　しきに　あらわすと、14−4と　なります。

$14-4=$ □

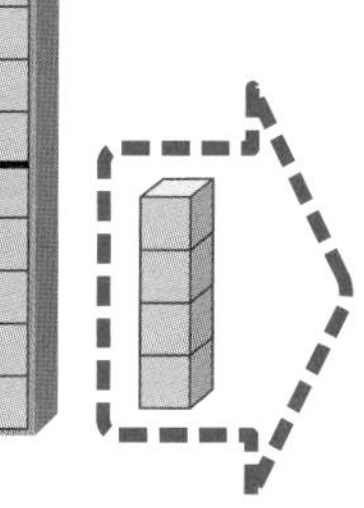

3　けいさんを　しましょう。　教 87ページ ⑦　60てん（1つ10）

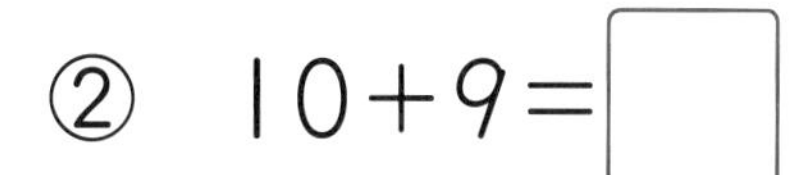

① $10+6=$ □　② $10+9=$ □

③ $5+10=$ □　④ $7+10=$ □

⑤ $12-2=$ □　⑥ $18-8=$ □

きょうかしょ 87ページ

きほんのドリル 38。

ごうかく 80てん　／100

がつ　にち

サクッと こたえあわせ

こたえ 88ページ

8　10より　大きい　かず ……(6)
たしざんと　ひきざん ……(2)

＼もんだいを きちんと よもう！／

[15＋3、15－3の　けいさんを　かんがえます。]

1　15＋3の　けいさん

10てん

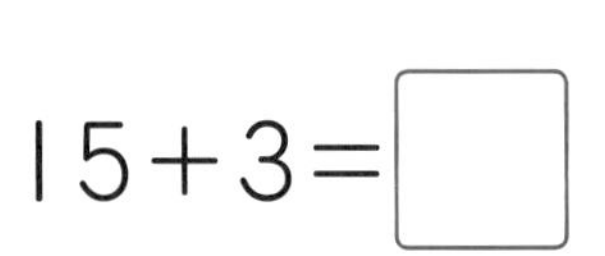
15＋3＝□

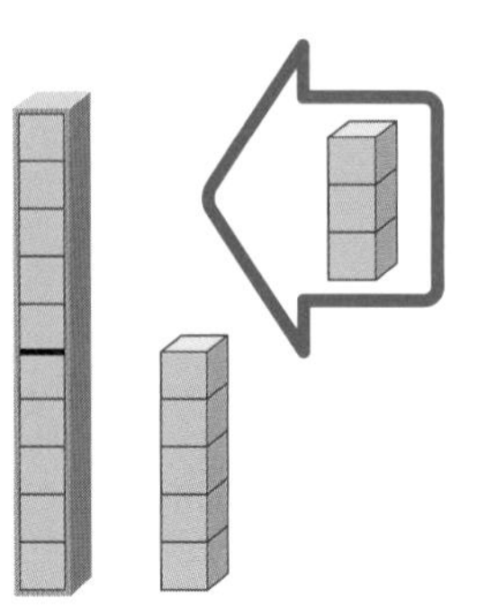

10と　8で…。

2　けいさんを　しましょう。

教 88ページ ⑧

40てん(1つ10)

① 11＋2＝□　　② 12＋4＝□

③ 16＋1＝□　　④ 14＋5＝□

3　15－3の　けいさん

教 88ページ 11

10てん

15－3＝□

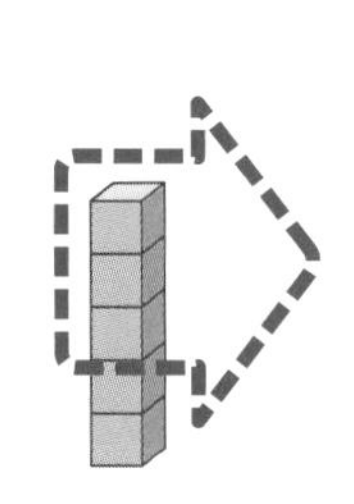

5から　3とると　2
10と　2で…。

4　けいさんを　しましょう。

40てん(1つ10)

① 14－2＝□　　② 16－1＝□

③ 17－5＝□　　④ 19－8＝□

きょうかしょ 88ページ

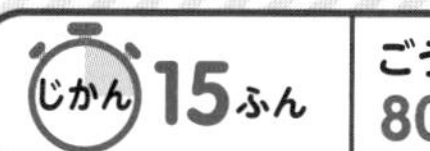

8 10より 大きい かず ……(1)

1 いくつ あるでしょうか。 20てん(1つ10)

① 

② 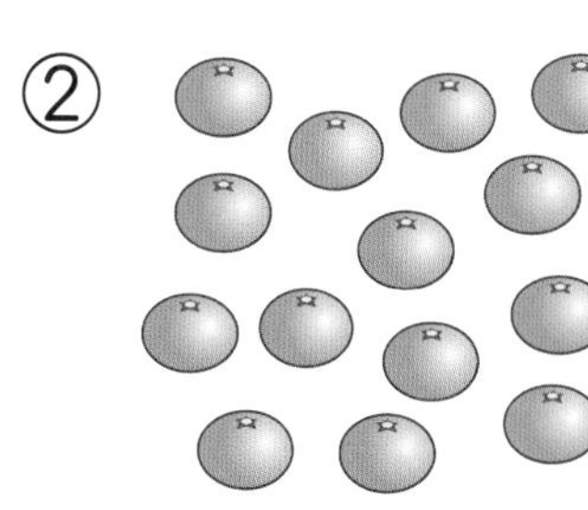

2 □(しかく)に あてはまる かずを かきましょう。 30てん(1つ10)

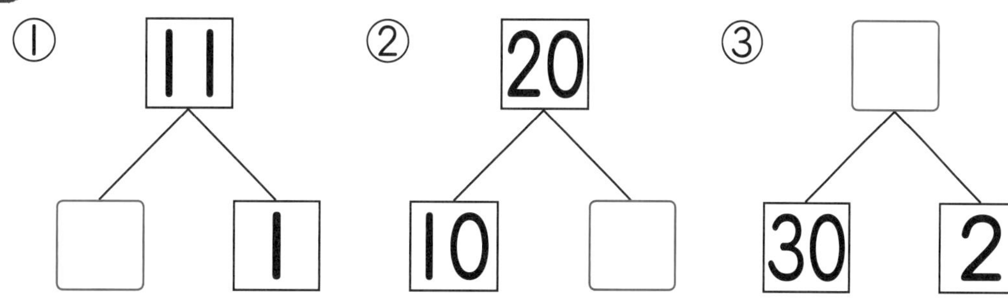

3 かずが 大(おお)きい ほうに ○(まる)を つけましょう。 30てん(1つ10)

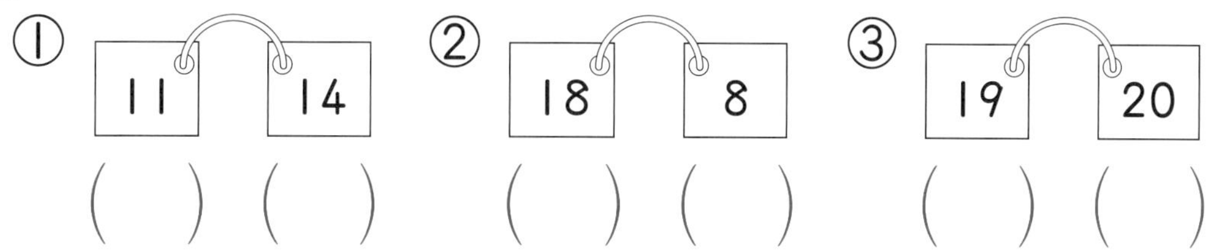

4 □に あてはまる かずを かきましょう。 20てん(1つ10)

① 15より 3 大きい かずは □ です。

② 13より 2 小(ちい)さい かずは □ です。

きょうかしょ 77～88ページ

ごうかく 80てん　／100

こたえ 89ページ

がつ　にち

8　10より　大きい　かず　……(2)

1 いくつ　あるでしょうか。　50てん(1つ10)

① 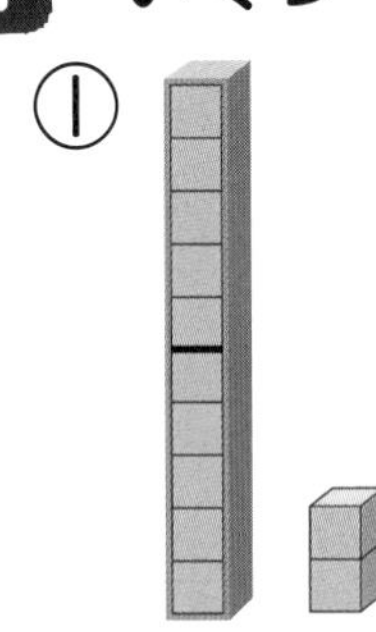 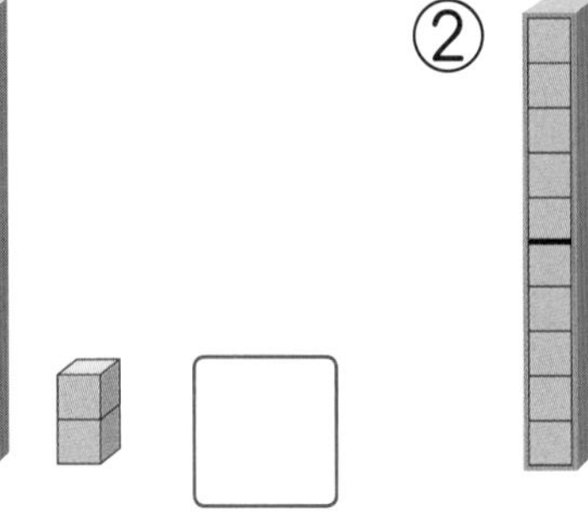

② 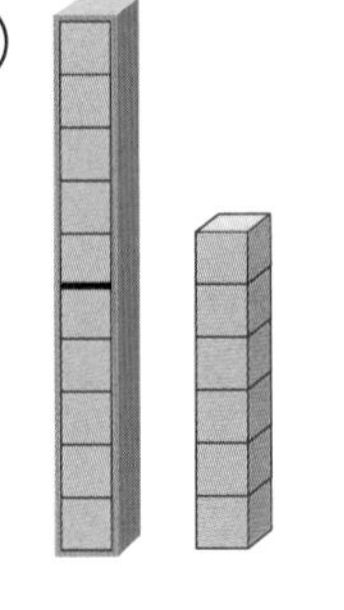

③ 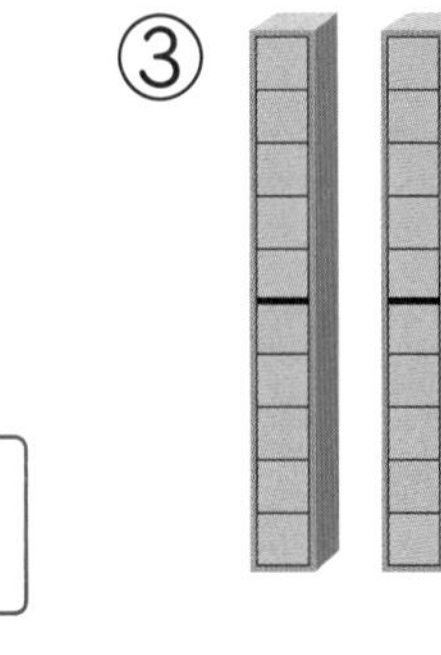

④ 

⑤ 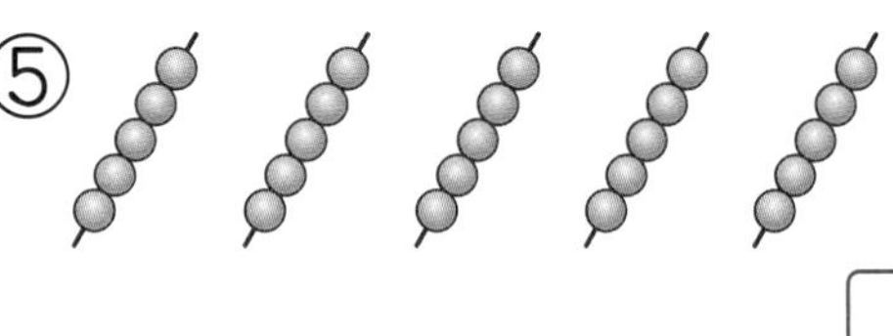

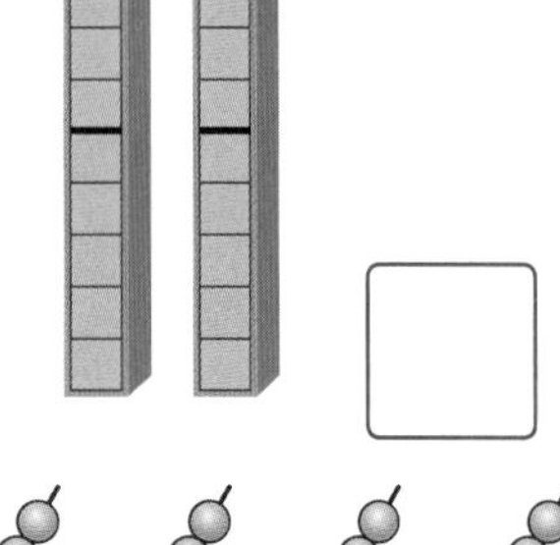

2 □(しかく)に　あてはまる　かずを　かきましょう。　20てん(1つ5)

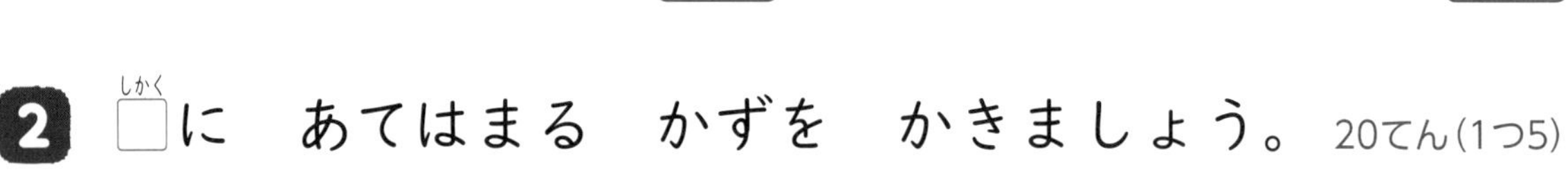

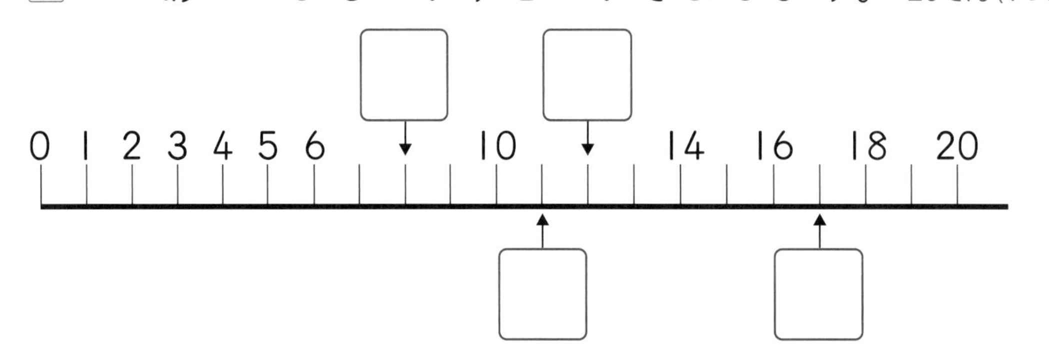

3 けいさんを　しましょう。　30てん(1つ5)

① 10＋7＝□　② 13＋6＝□

③ 5＋12＝□　④ 19－9＝□

⑤ 17－3＝□　⑥ 18－7＝□

きょうかしょ 77～88ページ

がつ　にち

9　かずを　せいりして

＼もんだいを　きちんと　よもう！／

[下(した)から　じゅんに、いろを　ぬります。]

❶　くだものの　かずを　くらべましょう。　教92ページ1

100てん（①1つ14、②1つ15）

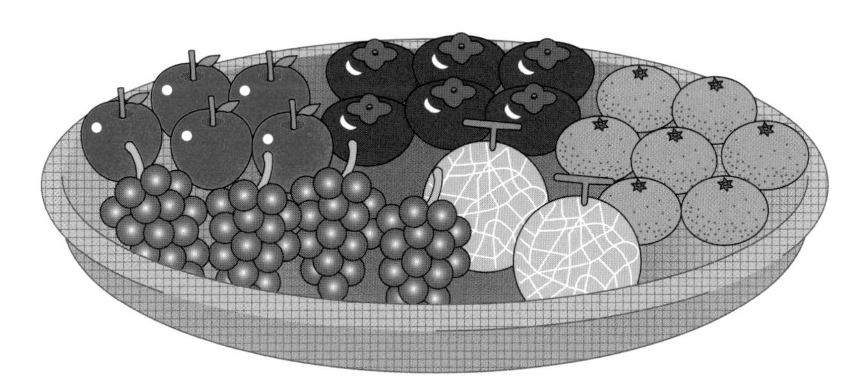

① 下から　じゅんに、くだものの　かずだけ　いろを　ぬりましょう。

りんご	ぶどう	かき	メロン	みかん

② りんごと　ぶどうでは、どちらが　なんこ　おおいでしょうか。

［　　　］が

［　　　］こ　おおい。

きょうかしょ 91〜94ページ

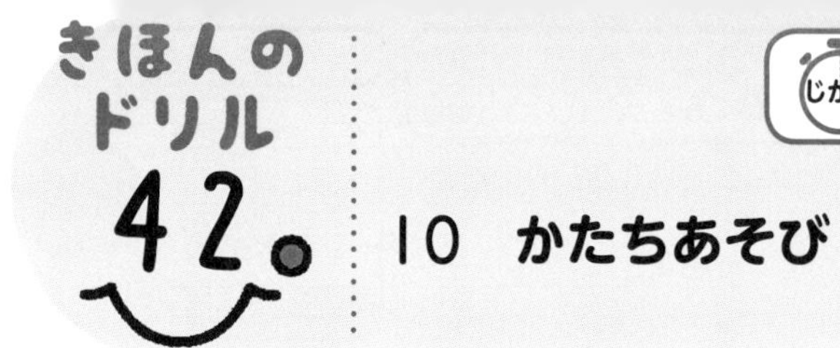

がつ　にち

10　かたちあそび　……(1)

\もんだいを きちんと よもう！/

[かたちで　なかまに　わけます。]

1 ころがる　かたちに　○(まる)、ころがらない　かたちに　×(ばつ)を　かきましょう。 教96ページ1　30てん(1つ10)

① 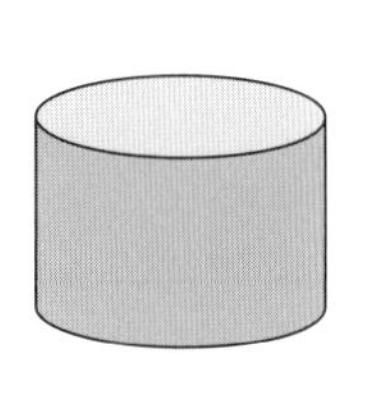 (　　)

② 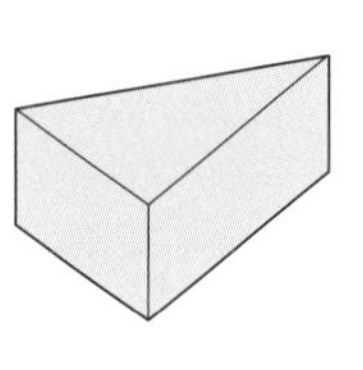 (　　)

③ 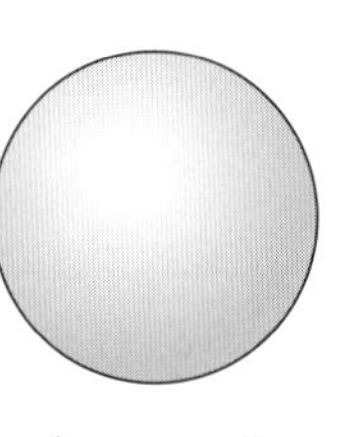 (　　)

2 たかく　つみやすい　かたちに　○、つめない　かたちに　×を　かきましょう。 教96ページ1　30てん(1つ10)

① 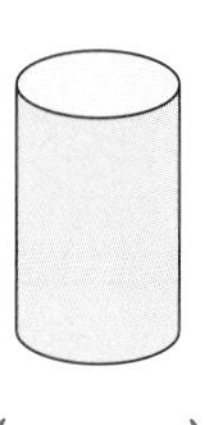 (　　)

② 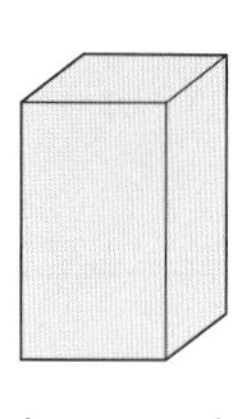 (　　)

③ 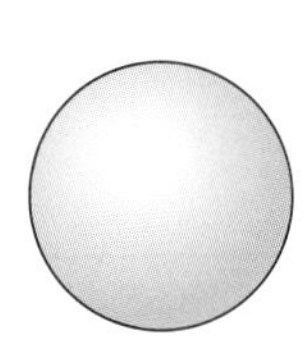 (　　)

3 おなじ　なかまを　せんで　つなぎましょう。

教98ページ2　40てん(1つ10)

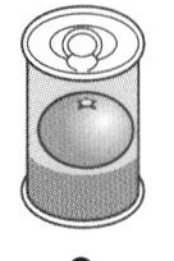
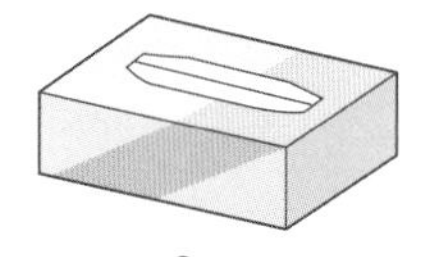

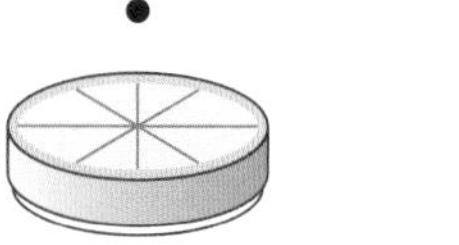
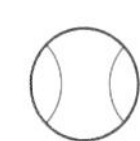

きょうかしょ 95〜98ページ

10　かたちあそび ……(2)

＼もんだいを きちんと よもう！／
[ものの　かたちを　いろいろな　むきから　しらべます。]

1 なんと　いう　かたちでしょうか。せんで　むすびましょう。 教99ページ3　80てん（1つ20）

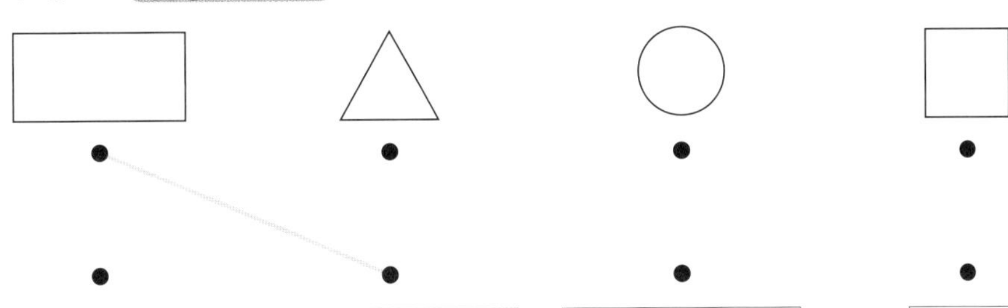

さんかく　ながしかく　ましかく　まる

ミスにちゅうい！

2 を　つかって、かたちを　かみに　うつしました。できない　かたちに　○(まる)を　かきましょう。

教99ページ3　10てん

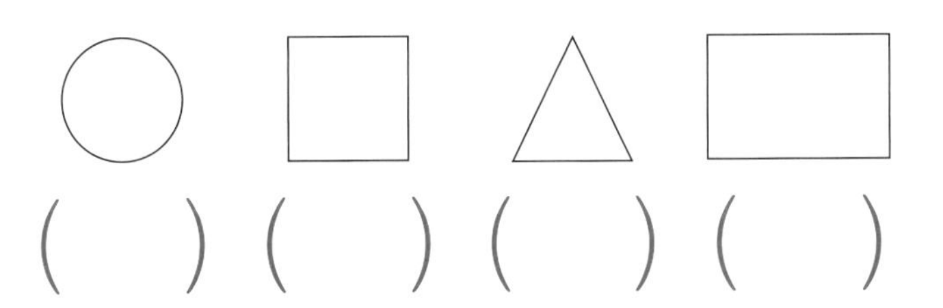

(　　)(　　)(　　)(　　)

3 たいらな　ところが　ない　かたちの　ものに　○を　かきましょう。 教100ページ　10てん

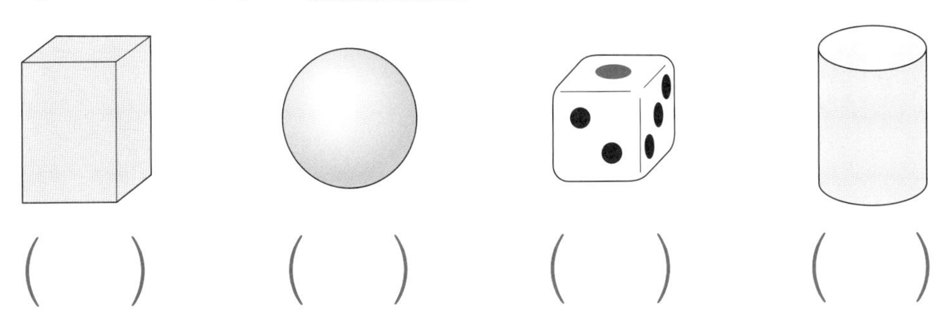

(　　)(　　)(　　)(　　)

きほんのドリル 44。

ごうかく 80てん　/100

がつ　にち

サクッと こたえ あわせ

こたえ 89ページ

11　3つの　かずの　たしざん、ひきざん ……(1)

＼もんだいを きちんと よもう！／

[ひだりから　じゅんに　けいさんして　いきます。]

1 とりが　2わ　います。
3わ　とんで　きました。
4わ　とんで　きました。
みんなで　なんわに　なった
でしょうか。　教105ページ①

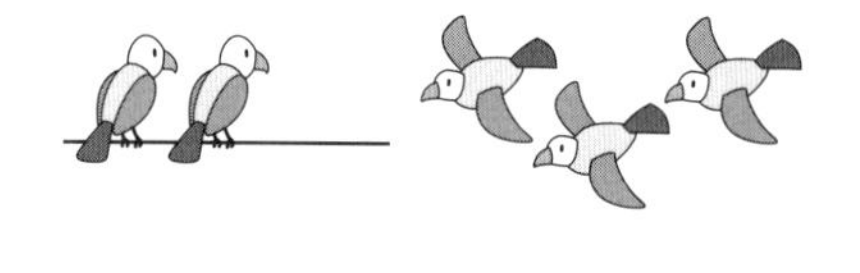

⇩

30てん(1つ10)

しき　2＋3＋[4]＝[　]

こたえ [　]わ

2＋3＝5
5＋4＝9

2 [　](しかく)に　あてはまる　かずを　かきましょう。　教105ページ②

30てん(1つ10)

① 1＋3＋2＝[　]
（1＋3 → 4）

② 7＋3＋2＝[　]
（7＋3 → [　]）

3 けいさんを　しましょう。　教105ページ②

40てん(1つ10)

① 4＋1＋2＝[　]

② 3＋4＋3＝[　]

③ 6＋4＋5＝[　]

④ 2＋8＋7＝[　]

ごうかく 80てん　　/100

がつ　にち

11　3つの　かずの　たしざん、ひきざん ……(2)

\もんだいを きちんと よもう！/

[ひだりから　じゅんに　けいさんして　いきます。]

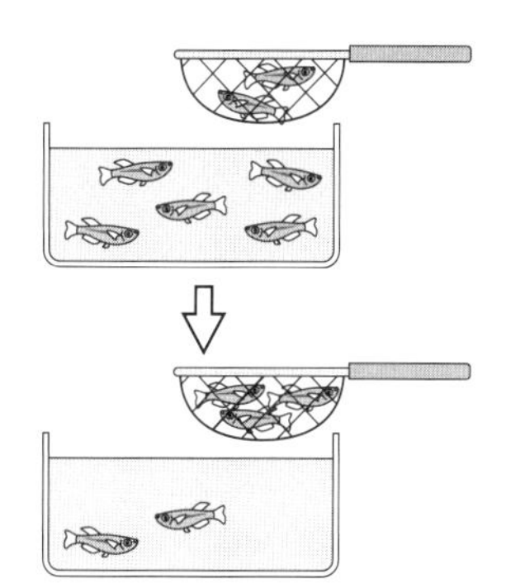

1 めだかが　7ひき　いました。
2ひき　すくいました。
3びき　すくいました。
のこりは　なんびきに　なった
でしょうか。　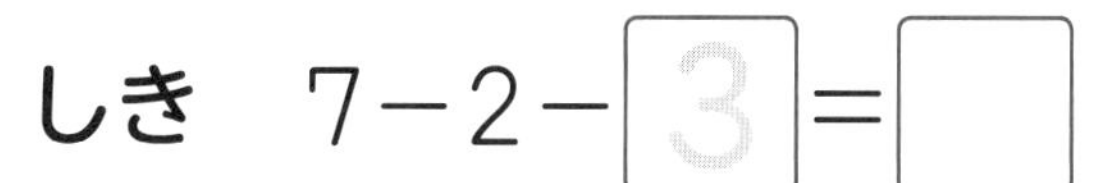　30てん(1つ10)

しき　7－2－[3]＝[　]

こたえ　[　]ひき

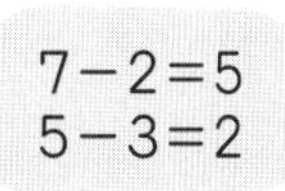

2 □(しかく)に　あてはまる　かずを　かきましょう。　教106ページ④

30てん(1つ10)

① 9－3－2＝[　]
　（9－3 → 6）

② 11－1－4＝[　]
　（11－1 → [　]）

3 けいさんを　しましょう。　教106ページ④　　40てん(1つ10)

① 7－1－5＝[　]　　② 10－3－1＝[　]

③ 13－3－8＝[　]　　④ 18－8－4＝[　]

きょうかしょ　106ページ

きほんのドリル 46。

11 3つの かずの たしざん、ひきざん ……(3)

サクッとこたえあわせ こたえ 90ページ

＼もんだいを きちんと よもう！／

[ひだりから じゅんに けいさんして いきます。]

1 りんごが 4こ ありました。

3こ かって きました。

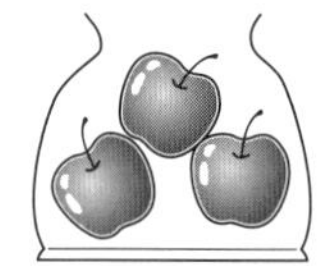

2こ たべました。

りんごは なんこに なった

でしょうか。  教107ページ3 30てん(1つ10)

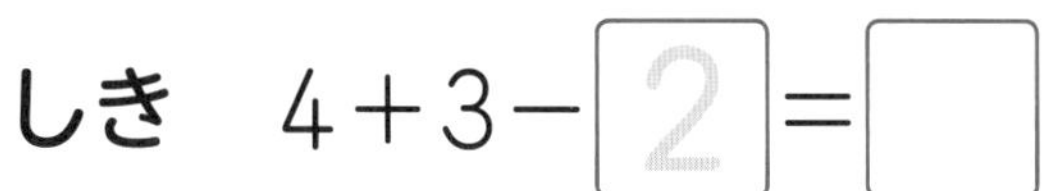

しき 4+3−[2]=□

4+3=7
7−2=5

こたえ □こ

2 □(しかく)に あてはまる かずを かきましょう。 教107ページ5

30てん(1つ10)

① $8-2+4=\square$ （$8-2$ → 6）

② $4+5-6=\square$ （$4+5$ → □）

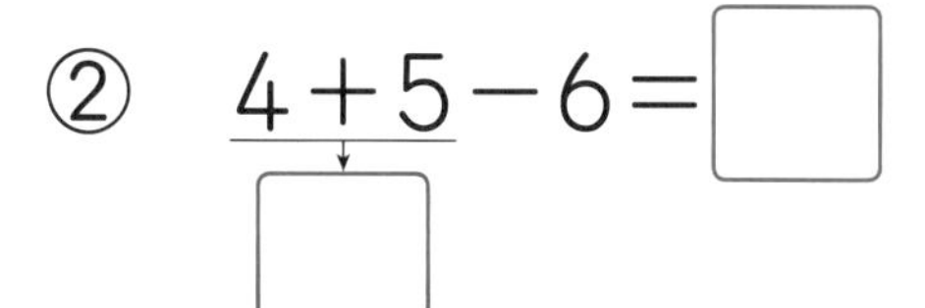

3 けいさんを しましょう。  教107ページ5 40てん(1つ10)

① $5-2+7=\square$　② $3+6-4=\square$

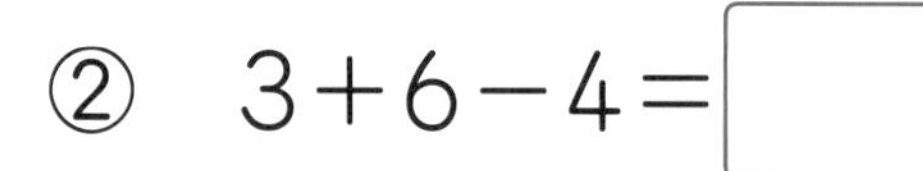

③ $10-6+3=\square$　④ $12+5-7=\square$

ごうかく 80てん ／100

がつ　にち

11　3つの　かずの　たしざん、ひきざん

1 けいさんを　しましょう。　60てん（1つ10）

① $1+4+2=\square$　② $10+2+1=\square$

③ $8-3-4=\square$　④ $10-1-5=\square$

⑤ $12+4-3=\square$　⑥ $18-8+4=\square$

2 こうえんで　3人（にん）　あそんで　いました。1人（ひとり）　きました。また　4人　きました。みんなで　なん人に　なったでしょうか。　20てん（しき10・こたえ10）

しき

こたえ　　人

よくよんで！

3 かえるが　6ぴき　いました。4ひき　でて　いきました。5ひき　やって　きました。かえるは　なんびきに　なったでしょうか。　20てん（しき10・こたえ10）

しき

こたえ　　ひき

きょうかしょ 103～107ページ

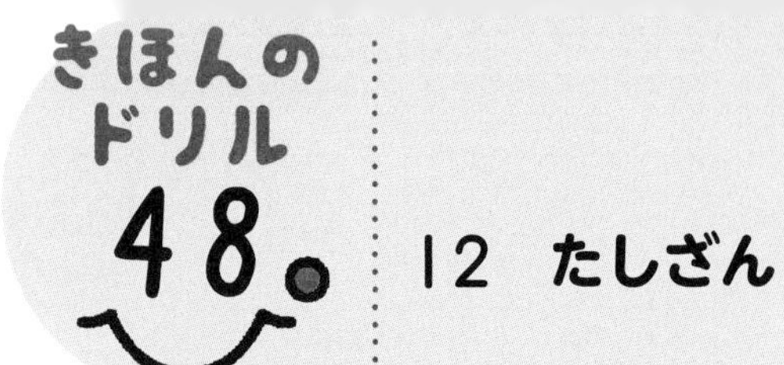

じかん 15ふん　ごうかく 80てん　/100

がつ　にち

サクッと こたえあわせ

こたえ 90ページ

12 たしざん ……(1)

＼もんだいを きちんと よもう！／

[たす　かずを　わけて、10の　まとまりを　つくります。]

1 9+4の　けいさんを　します。  40てん(1つ10)

① 9は　あと  で　10。

② 4を　1と □ に　わける。

③ 9と　1で　10。

④   で  。

9+4
①③
10

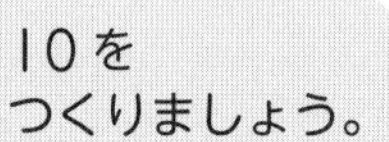

2 けいさんを　しましょう。  30てん(1つ5)

① 9+2＝□　② 9+5＝□

③ 8+3＝□　④ 8+4＝□

⑤ 7+4＝□　⑥ 7+6＝□

ミスにちゅうい！

3 シールが　8まい　ありました。6まい　もらいました。ぜんぶで　なんまいに　なったでしょうか。

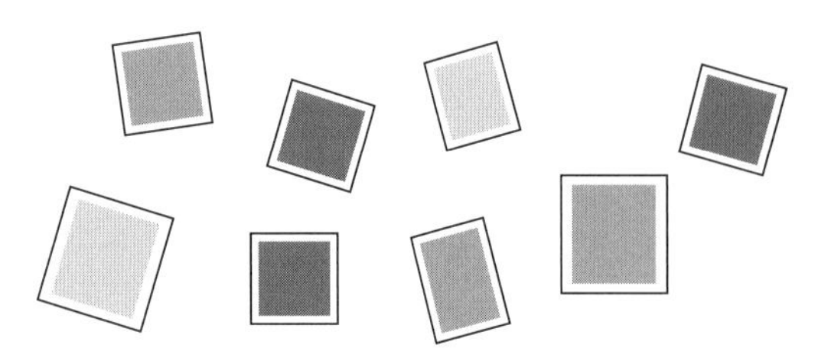

教119ページ⑨　30てん(しき15・こたえ15)

しき □

こたえ □ まい

きょうかしょ 111〜119ページ

きほんの
ドリル
49。

12 たしざん ……(2)

＼もんだいを きちんと よもう！／
[たされる かずを わけて、10の まとまりを つくります。]

1 6＋9の けいさんを します。 教117ページ2 40てん(1つ10)

① 6を 5と □ に わける。

② □ と 9で 10。

③ □ と 10で □ 。

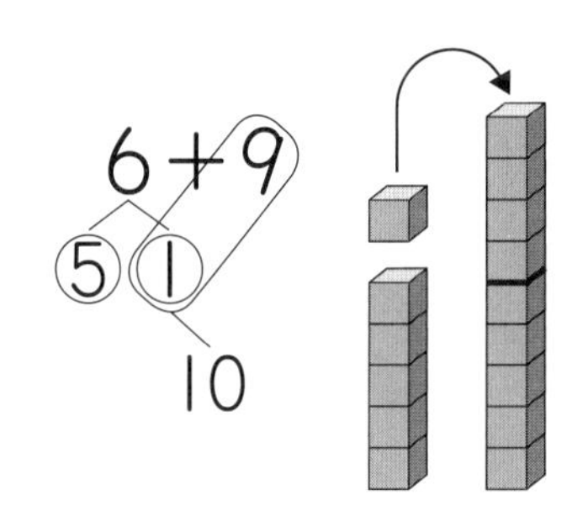

9を 10に した ほうが かんたんだね。

2 けいさんを しましょう。 教118ページ5、6 40てん(1つ10)

① 4＋7＝□　② 5＋6＝□

③ 7＋9＝□　④ 6＋6＝□

よくよんで！

3 赤い 花が 5本、白い 花が 8本 さいて います。あわせて なん本 さいて いるでしょうか。

教119ページ10 20てん(しき10・こたえ10)

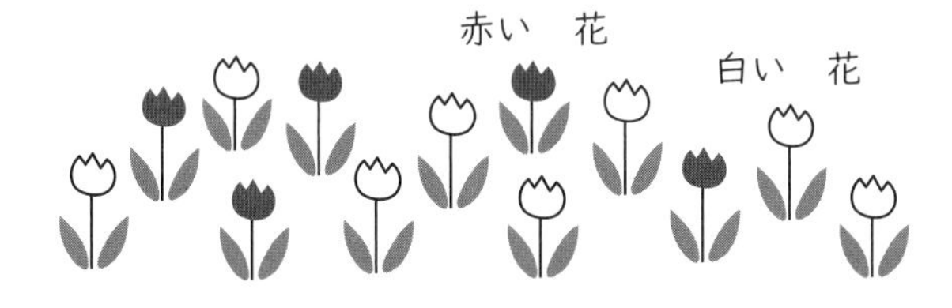

しき □

こたえ □ 本

じかん 15ふん　ごうかく 80てん　/100

がつ　にち

サクッと こたえ あわせ

こたえ 90ページ

12 たしざん ……(3)

\もんだいを きちんと よもう！/

[けいさんの　れんしゅうを　します。]

1 けいさんを　しましょう。 教120ページ3 60てん(1つ5)

① $7+5=\square$　② $9+7=\square$

③ $6+6=\square$　④ $5+8=\square$

⑤ $7+9=\square$　⑥ $9+8=\square$

⑦ $8+4=\square$　⑧ $7+7=\square$

⑨ $5+6=\square$　⑩ $8+6=\square$

⑪ $7+8=\square$　⑫ $9+9=\square$

2 こたえが　15に　なる　カードを　4つ　つくりましょう。 教121ページ4 40てん(1つ10)

$6+\square$　$7+\square$

$8+\square$　$9+\square$

きょうかしょ 120〜121ページ

12　たしざん

じかん 15ふん　ごうかく 80てん　／100

がつ　にち

1 けいさんを　しましょう。　40てん（1つ5）

① $8+8=$ □　② $4+7=$ □

③ $6+6=$ □　④ $9+5=$ □

⑤ $2+9=$ □　⑥ $7+4=$ □

⑦ $5+7=$ □　⑧ $8+9=$ □

2 こたえが　大(おお)きい　ほうに　○(まる)を　つけましょう。　30てん（1つ15）

① $5+9$ （　）　$8+7$ （　）

② $7+6$ （　）　$4+8$ （　）

よくよんで！

3 めだかが　6ぴき、きんぎょが　8ぴき　います。
あわせて　なんびき　いるでしょうか。

30てん（しき15・こたえ15）

しき □　　こたえ □ ひき

きょうかしょ 111〜121ページ

ごうかく 80てん ／100

サクッと こたえ あわせ

こたえ 91ページ

13 ひきざん ……(1)

＼もんだいを きちんと よもう！／

[10の まとまりから ひきます。]

1 13−9の けいさんを します。 教125ページ1、127ページ2

20てん(1つ5)

① 13は 10と □。

② 10から 9を ひいて □。

③ 1と □で □。

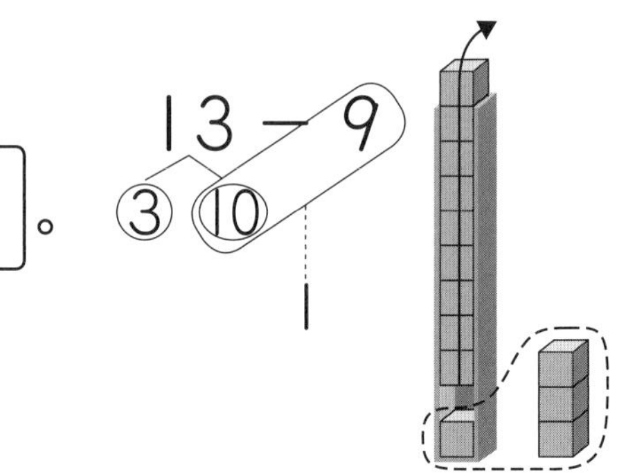

2 けいさんを しましょう。 教128ページ3

60てん(1つ10)

① 11−9=□　　② 12−8=□

③ 12−9=□　　④ 14−7=□

⑤ 13−7=□　　⑥ 11−8=□

＼よくよんで！／

3 えんぴつが 11本(ぽん)、サインペンが 7本(ほん) あります。えんぴつは サインペンより なん本(ぼん) おおいでしょうか。 教131ページ10

20てん(しき10・こたえ10)

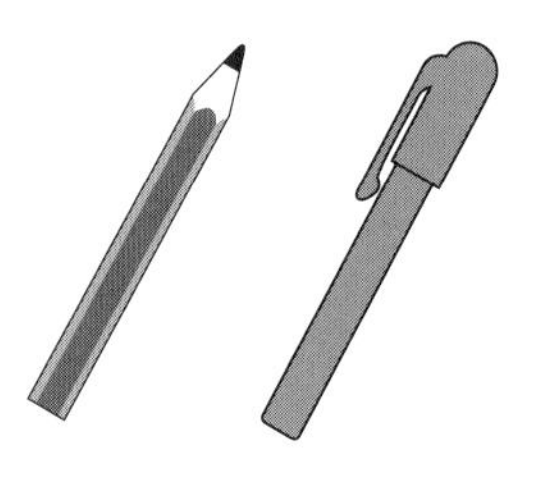

しき □

こたえ □本

きょうかしょ 123〜128、131ページ

じかん 15ふん　ごうかく 80てん　/100

がつ　にち

サクッとこたえあわせ　こたえ 91ページ

13　ひきざん ……(2)

もんだいを きちんと よもう！

[ひく　かずを　わけて　ひきます。]

1 13−4の　けいさんを　します。　教129ページ2　20てん(1つ5)

① 4は　3と [1]。

② 13から　3を　ひいて [10]。

③ 10から [　]を　ひいて [　]。

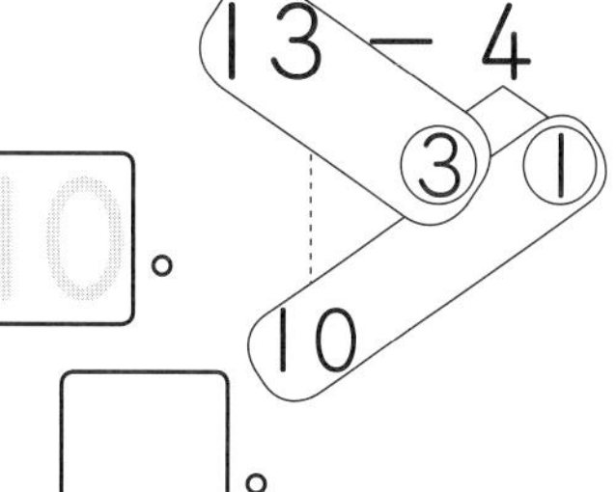

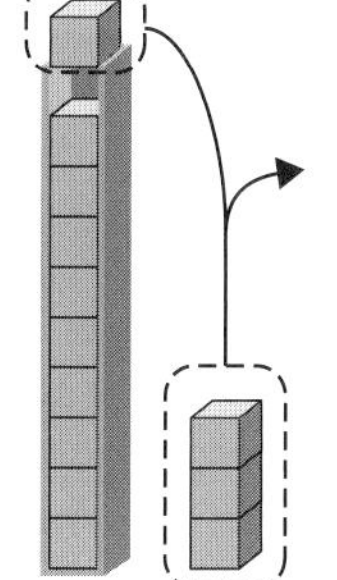

2 けいさんを　しましょう。　教130ページ⑤、⑥　60てん(1つ10)

① 11−3=[　]　② 13−5=[　]

③ 16−7=[　]　④ 14−8=[　]

⑤ 17−8=[　]　⑥ 15−9=[　]

よくよんで！

3 やきゅうを　して　いる　子(こ)どもが　15人(にん)、サッカーを　して　いる　子どもが　7人　います。やきゅうを　して　いる　子どもの　ほうが　なん人　おおいでしょうか。　教131ページ⑩　20てん(しき10・こたえ10)

しき [　]

こたえ [　]人

きょうかしょ 129〜131ページ

ごうかく 80てん　／100

がつ　にち

13　ひきざん　……(3)

＼もんだいを　きちんと　よもう！／
[ひきざんの　れんしゅうを　します。]

1　けいさんを　しましょう。　教132ページ3　60てん(1つ10)

① 11－3＝□　② 13－6＝□

③ 13－9＝□　④ 11－7＝□

⑤ 15－6＝□　⑥ 18－9＝□

2　こたえが　おなじに　なる　カードを　せんで　つなぎましょう。　教133ページ4　20てん(1つ5)

12－9	13－8	12－4	14－7
11－6	17－9	15－8	11－8

3　こたえが　8に　なる　カードを　4つ　つくりましょう。　教133ページ4　20てん(1つ5)

13－□　14－□

15－□　16－□

ほかにも
つくって　みましょう。

ごうかく 80てん /100

がつ　にち

13　ひきざん

1 けいさんを　しましょう。　60てん(1つ10)

① 11−5=□　② 13−4=□

③ 16−8=□　④ 15−7=□

⑤ 14−9=□　⑥ 17−8=□

2 こたえが　つぎの　カードの　さいしょの　かずに　なるように　ならべました。□(しかく)に　あてはまる　かずを　かきましょう。　20てん(1つ10)

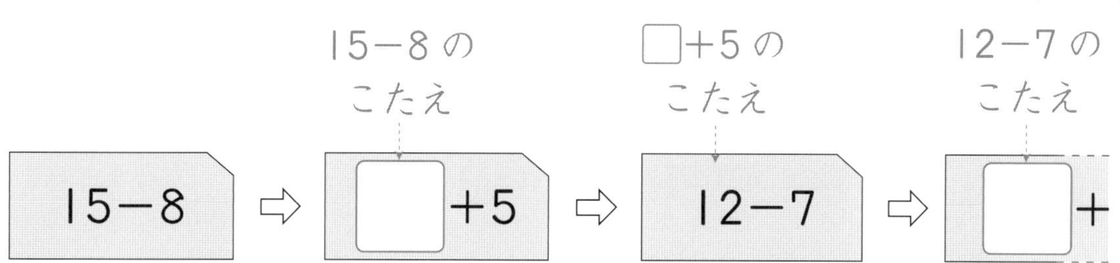

よくよんで!

3 ゆきだるまを　12こ　つくりましたが、8こ　とけて　しまいました。のこりは　なんこに　なったでしょうか。　20てん(しき10・こたえ10)

しき □

こたえ □ こ

きょうかしょ 123〜133ページ

がつ　にち

14　くらべかた ……(1)
ながさくらべ ……(1)

サクッと こたえあわせ
こたえ 91ページ

＼もんだいを きちんと よもう！／

[ながさを　くらべる　ときは、まっすぐに　して、はしを　そろえます。]

1 ながさを　くらべます。くらべかたが　ただしいのは　どちらでしょうか。 教 137ページ 30てん(1つ15)

① 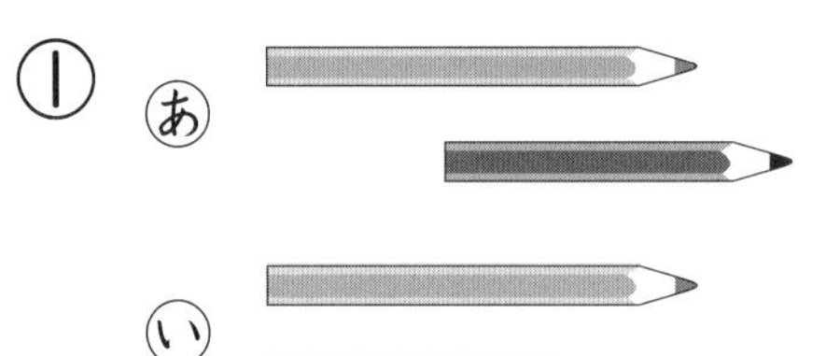

(　　　)

② 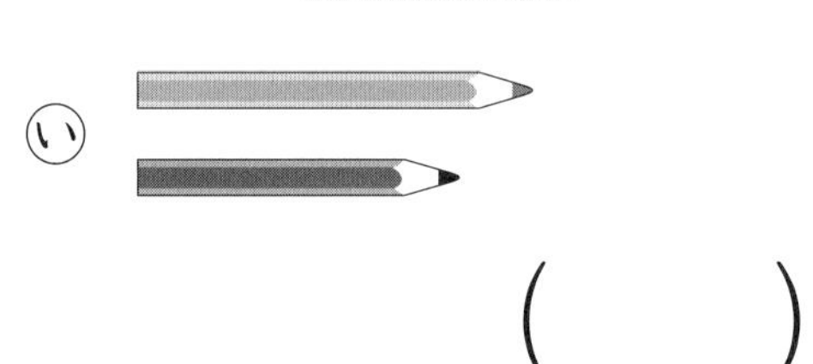

(　　　)

2 どちらが　ながいでしょうか。 教 137ページ 60てん(1つ15)

① 
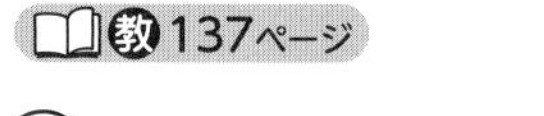
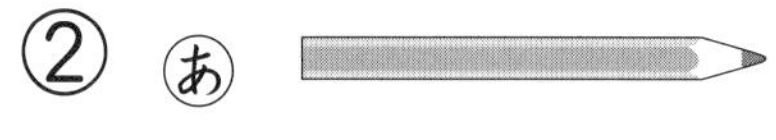

(　　　)

② 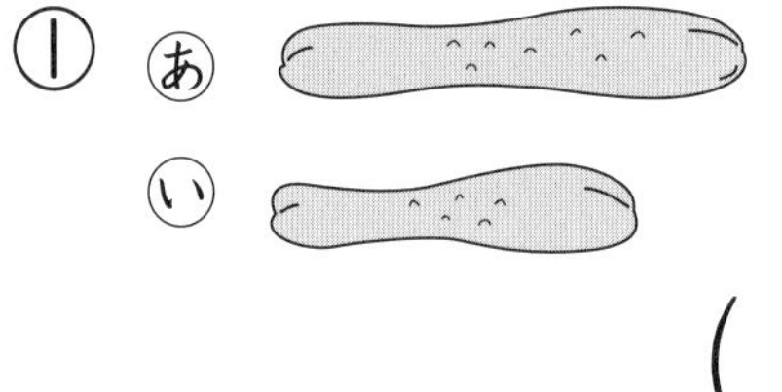

(　　　)

③ 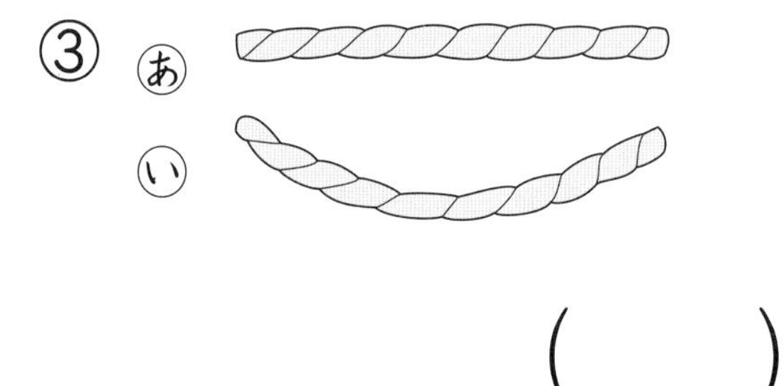

(　　　)

④ 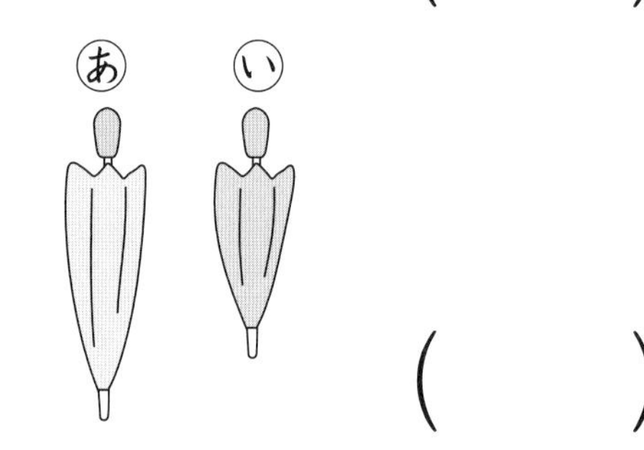

(　　　)

3 たてと　よこでは、どちらが　ながいでしょうか。

教 137ページ 10てん

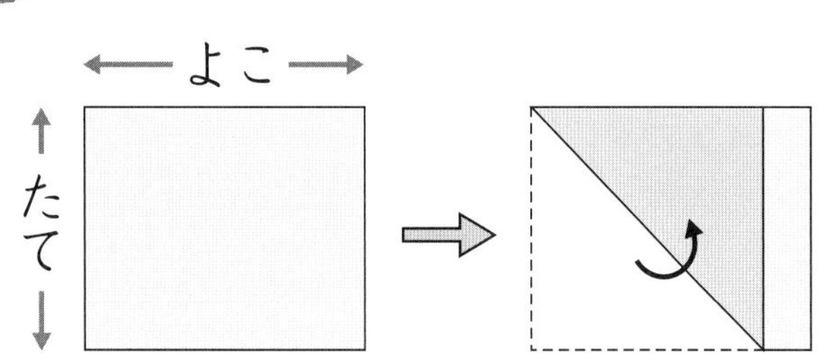

(　　　)

きょうかしょ 136〜137ページ

がつ　にち

14　くらべかた ……(2)
ながさくらべ ……(2)

＼もんだいを　きちんと　よもう！／
[くふうして　ながさを　くらべます。]

⚠ミスにちゅうい！

1　つくえが　とおるのは、どの　ドアでしょうか。

教138ページ1　50てん

しるしが　ドアに　あたると、
つくえも　ドアに
ぶつかって　しまうんだね。

(　　　)の　ドア

2　まどの　たてと　よこでは、どちらが　ながい
でしょうか。　教139ページ①

50てん

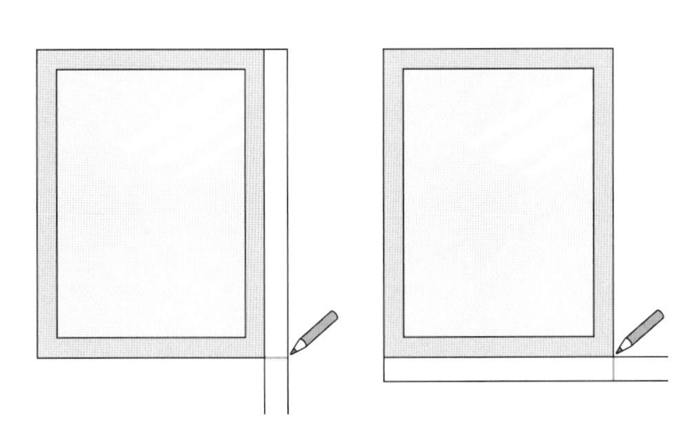

テープの　ながさを
くらべると、つぎの
ように　なりました。

たて	▭
よこ	▭

(　　　　　)の　ほうが　ながい。

がつ　にち

14 くらべかた ……(3)
ながさくらべ ……(3)

サクッとこたえあわせ
こたえ 92ページ

＼もんだいを きちんと よもう！／
[いくつぶん　あるかで　ながさを　くらべます。]

1 えんぴつで　はかりました。ポスターの　たてと　よこでは、どちらが　ながいでしょうか。 教140ページ2

20てん

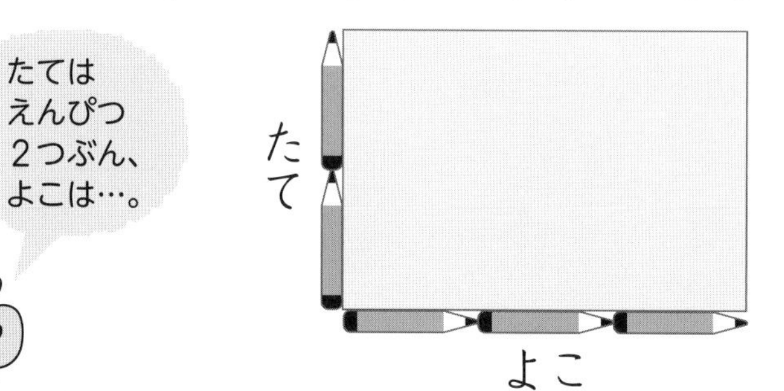

(　　　　)

2 けしゴムを　つかって　はかりました。いたの　たては　5つぶん、よこは　8つぶん　ありました。どちらが　ながいでしょうか。 教140ページ2

20てん

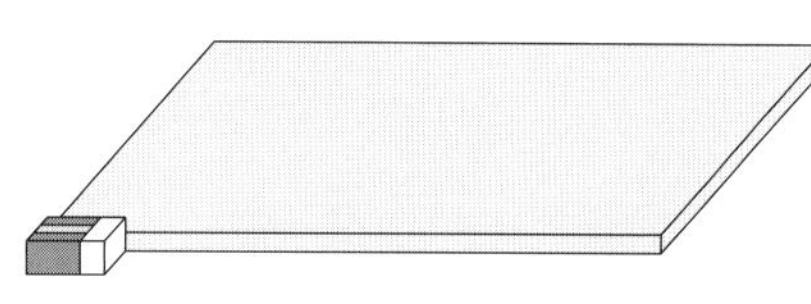

(　　　　)

3 ながさは、ますの　いくつぶんでしょうか。

教141ページ② 60てん(1つ20)

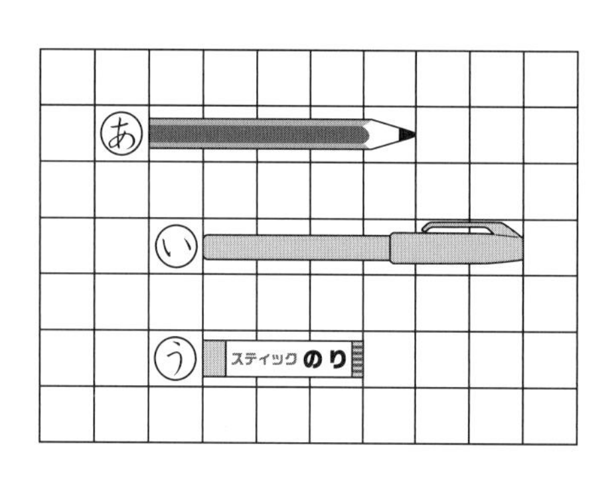

あ　えんぴつ　□こぶん

い　ペン　□こぶん

う　のり　□こぶん

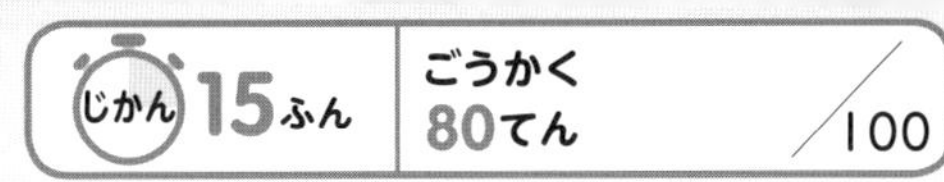

がつ　にち

14　くらべかた ……(4)
水の　かさくらべ ……(1)

\もんだいを きちんと よもう！/

[水(みず)の　かさの　くらべかたも　いろいろ　あります。]

1 あと　いで、水は　どちらに　おおく　入(はい)る　でしょうか。 教142ページ3　30てん

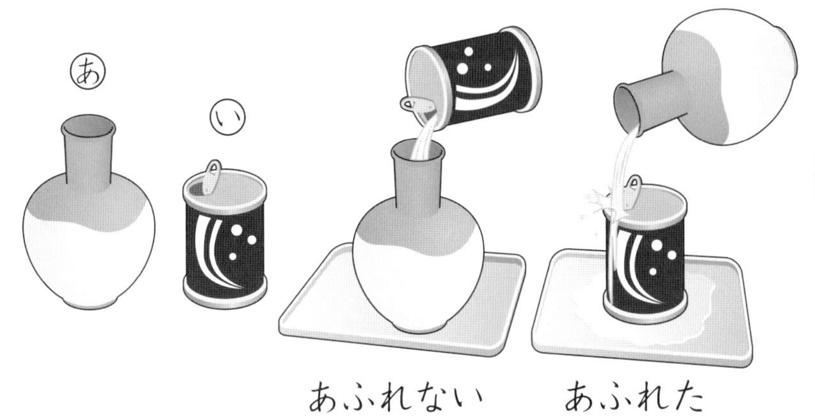

(　　)

2 おおく　入って　いる　ほうに　〇(まる)を　かきましょう。

教143ページ4　40てん(1つ20)

① あ　い

(　　)(　　)

ミスにちゅうい！

② あ　い

(　　)(　　)

3 あと　いで、どちらの　入(い)れものが　大(おお)きいでしょうか。 教143ページ6　30てん

あ　い

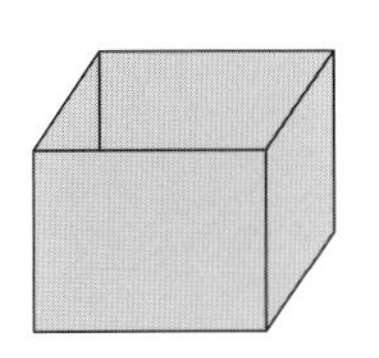

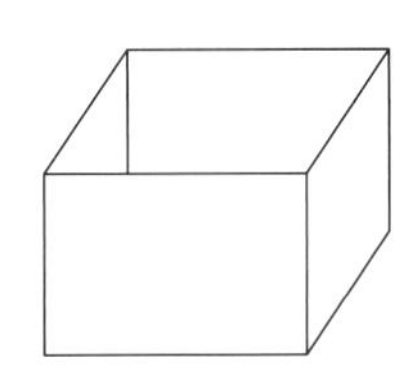

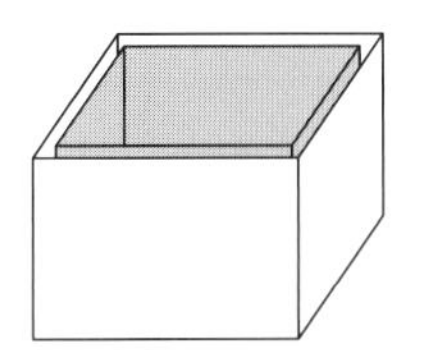

(　　)

14 くらべかた ……(5)
水の　かさくらべ ……(2)

もんだいを きちんと よもう!

[入れものの　大きさを　くらべます。]

1 水が　おおく　入る　じゅんに　きごうを　かきましょう。 教144ページ㋐　36てん(1つ12)

あ 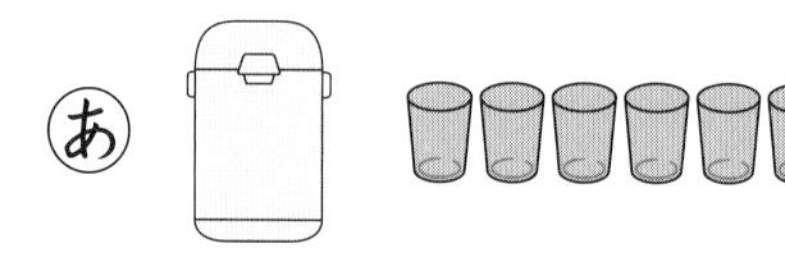

い 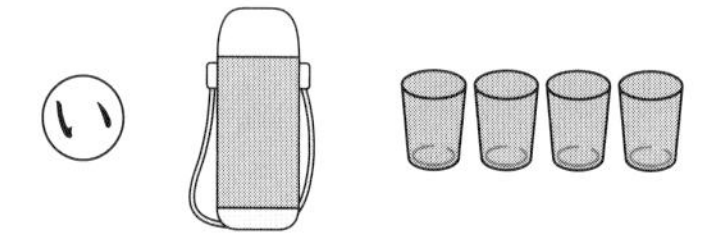

う 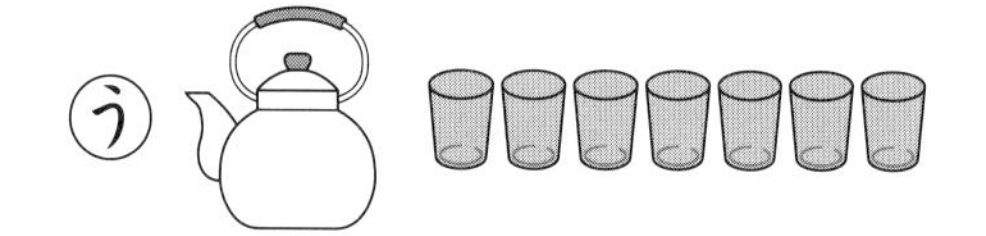

(　　)→(　　)→(　　)

2 どちらの　入れものの　ほうが　どれだけ　水が　おおく　入るか　しらべました。□に　あてはまる　かずを、(　)に　あてはまる　きごうを　かきましょう。 教144ページ㋐　64てん(1つ16)

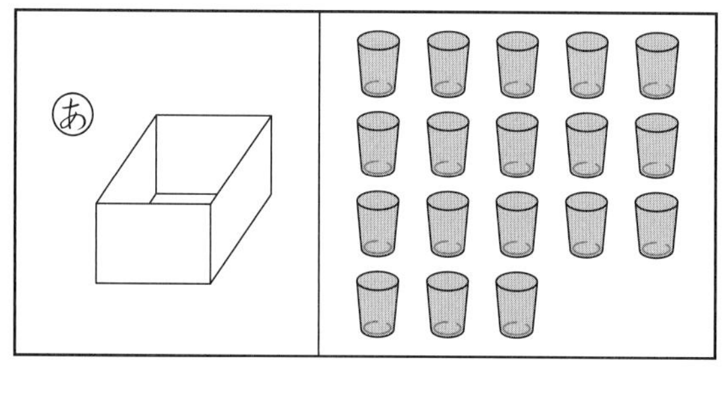

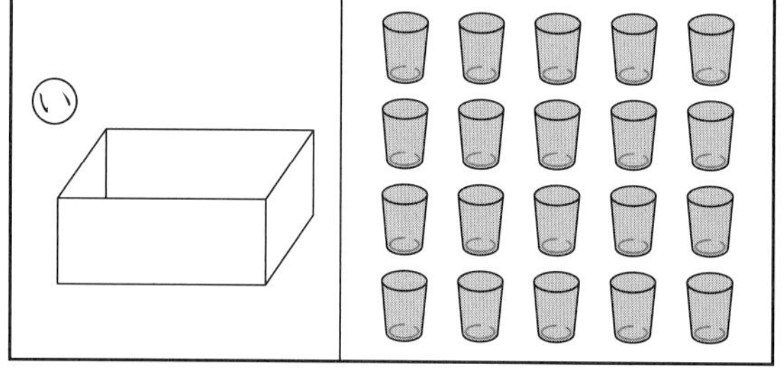

あの　入れものには　コップ □ こぶん、いの　入れものには　コップ □ こぶん　入ります。(　　)の　入れものの　ほうが　コップ □ こぶん　大きいです。

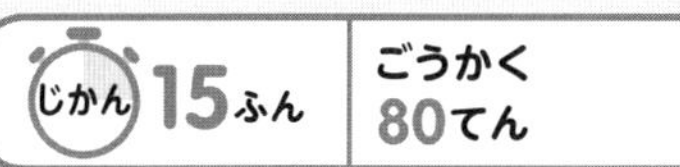

がつ　にち

14　くらべかた ……(6)

ひろさくらべ

＼もんだいを　きちんと　よもう！／

[ひろさを　くらべます。]

1　ひろさを　くらべます。ただしい　くらべかたは どちらでしょうか。　教145ページ6　20てん

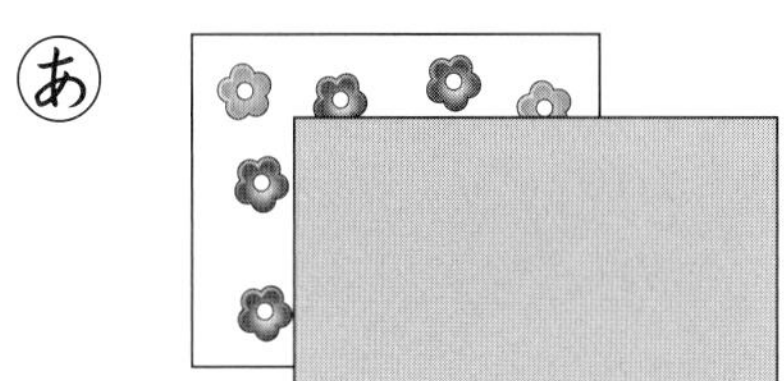

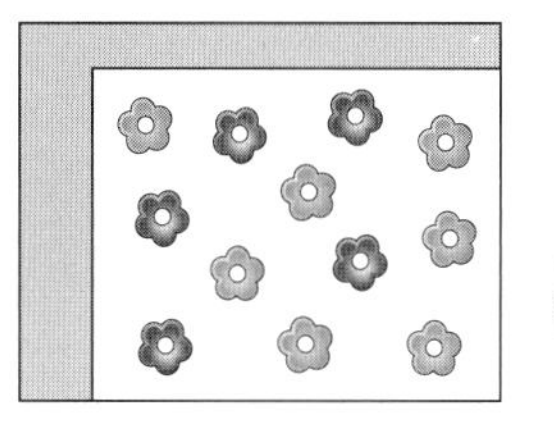

(　　)

2　あと　いで、どちらが　ひろいでしょうか。　教145〜146ページ　20てん(1つ10)

①

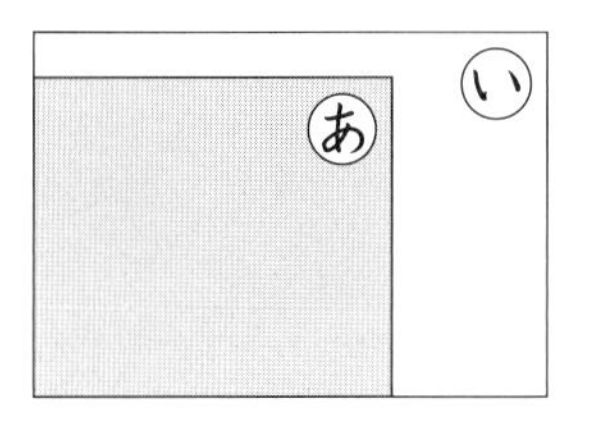

(　　)

②

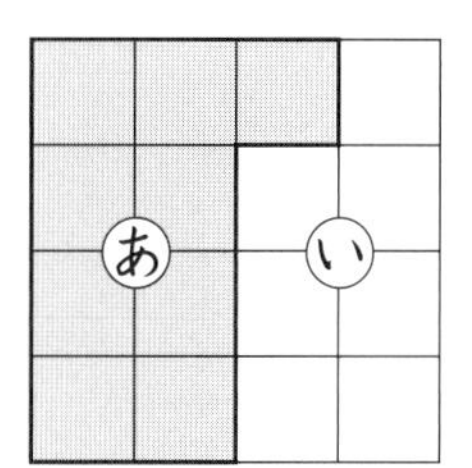

(　　)

3　□(しかく)に　あてはまる　かずを　かきましょう。　教146ページ　60てん(1つ20)

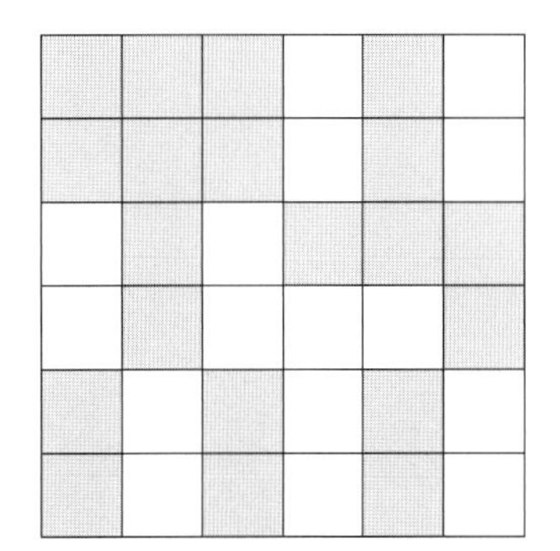

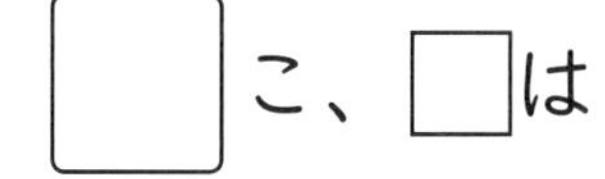

■は　□こ、□は　□こ

だから、■の　ほうが

□こぶん　ひろい。

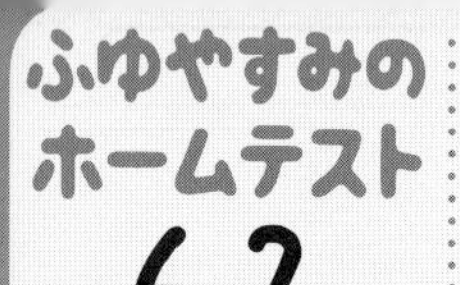

ごうかく
80てん

/100

こたえ 92ページ

10より　大きい　かず／かずを　せいりして／かたちあそび

1 あてはまる　かずを　かきましょう。

30てん（1つ10）

①

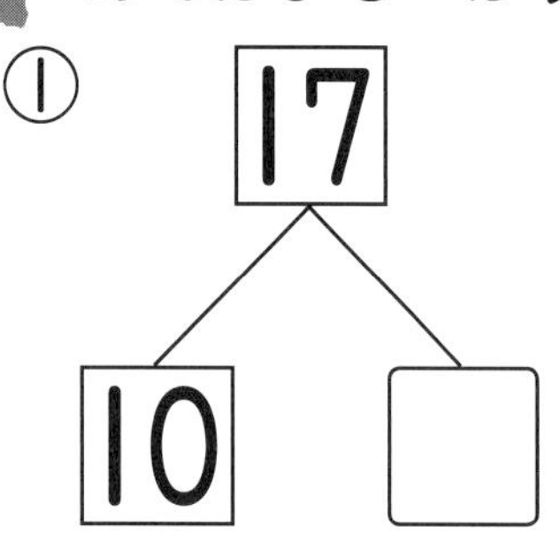

②

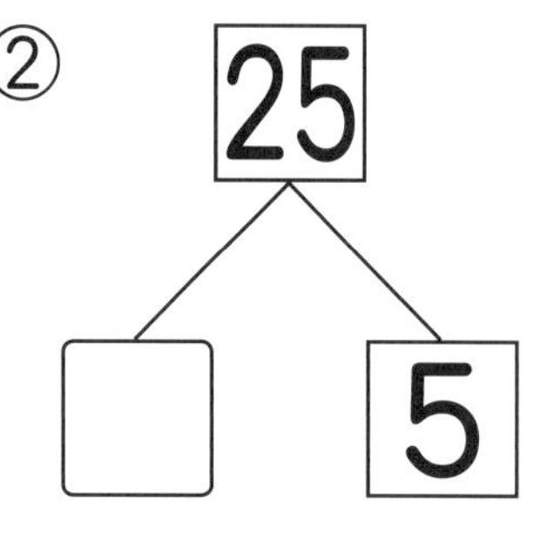

③

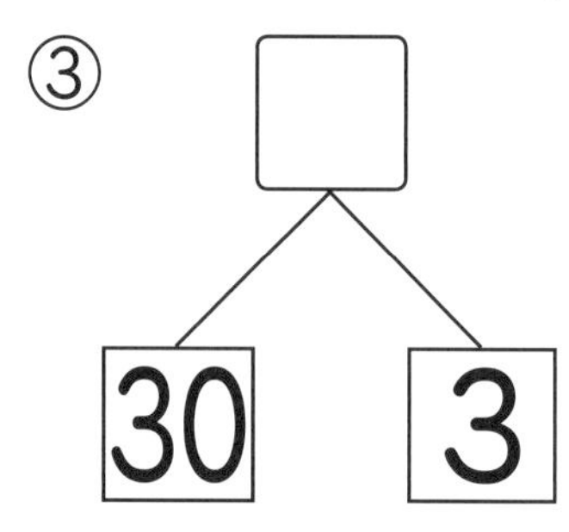

2 下(した)から　じゅんに　くだものの　かずだけ　いろを　ぬりましょう。

30てん（1つ10）

りんご	ぶどう	みかん

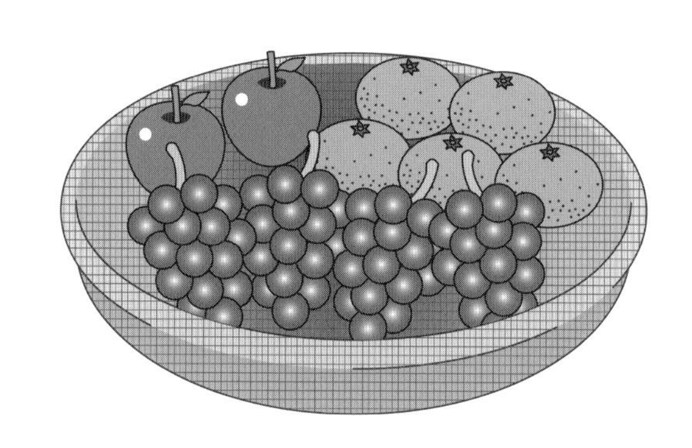

3 おなじ　なかまを　せんで　むすびましょう。

40てん（1つ10）

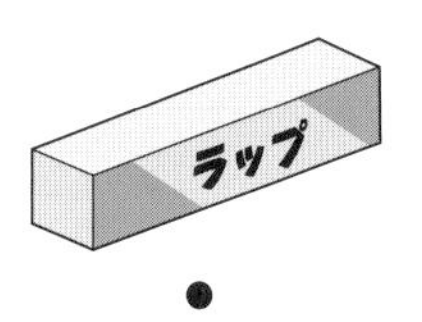

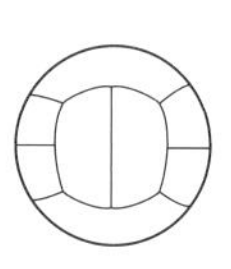

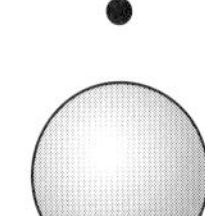

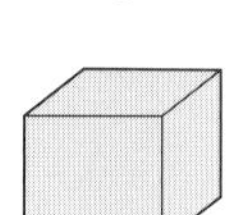

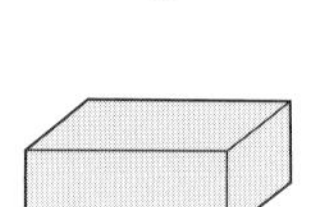

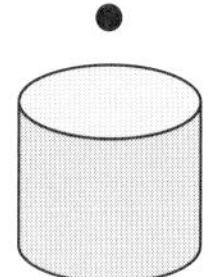

ふゆやすみの ホームテスト 63。

じかん 15ふん | ごうかく 80てん | /100

がつ　にち

3つの　かずの　たしざん、ひきざん／たしざん／ひきざん／くらべかた

こたえ 92ページ

サクッと こたえあわせ

よくよんで！

1 バスに　じょうきゃくが　7人（にん）　のって　いました。つぎの　ていりゅうじょで　3人　のって、4人　おりました。じょうきゃくは　なん人に　なったでしょうか。

20てん（しき10・こたえ10）

しき □

こたえ □ 人

けいさんを　しましょう。

60てん（1つ10）

① 9＋4＝□　　② 8＋7＝□

③ 6＋6＝□　　④ 16－9＝□

⑤ 12－7＝□　　⑥ 11－8＝□

ながい　じゅんに　こたえましょう。

20てん

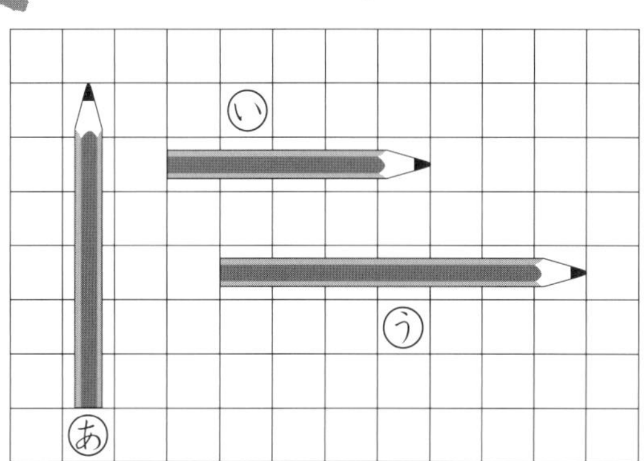

（　　）→（　　）→（　　）

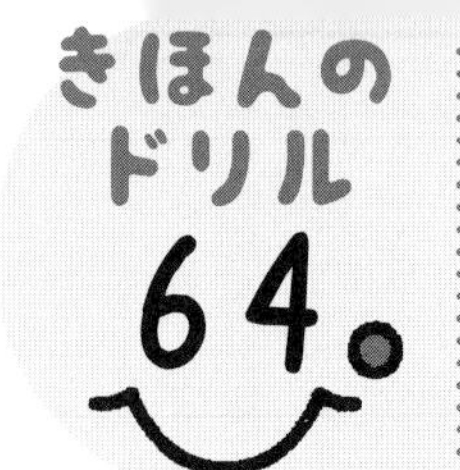

がつ　にち

15 大きな　かず ……(1)

＼もんだいを　きちんと　よもう！／

24の　2は　十のくらいの　すう字で、4は　一のくらいの　すう字です。

十のくらい	一のくらい
2	4

1 ⬠を　10こずつ　せんで　かこみましょう。

教151ページ1　60てん(1つ10)

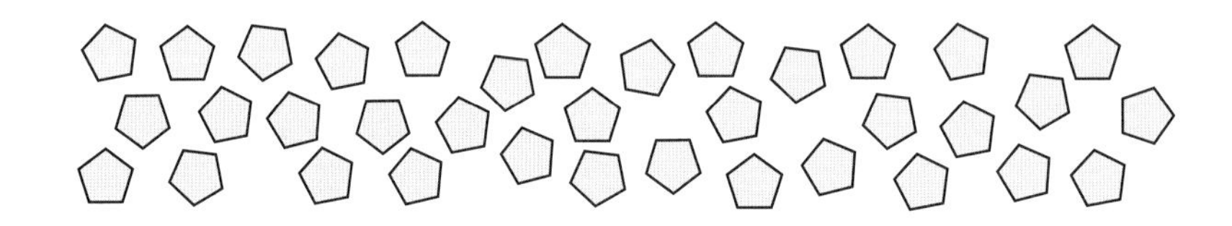

(10) が　[3]　こと、⬠が　6こ　あります。

10が　3こで　[　　](三十)。

30と　6で　[　　](三十六)です。

36の　十のくらいの　すう字は　[　　]

一のくらいの　すう字は　[　　]　です。

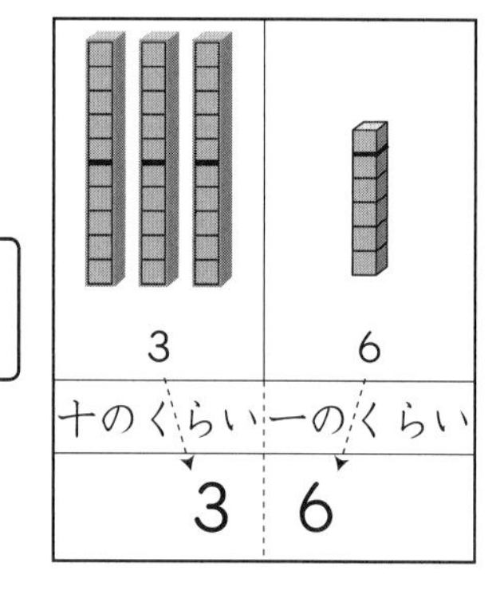

2 いくつ　あるでしょうか。　教152ページ①　40てん(1つ20)

①

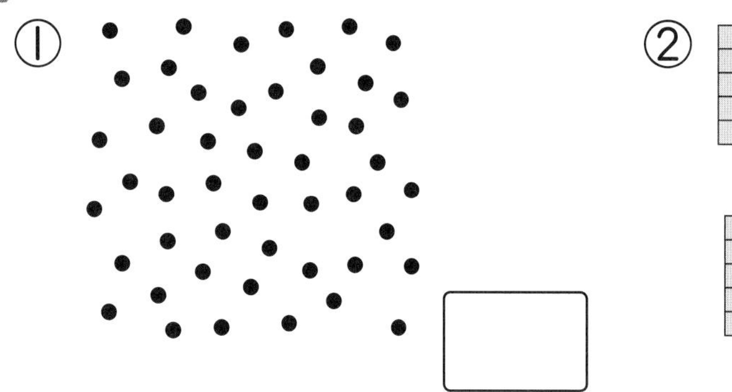

[　　]

②

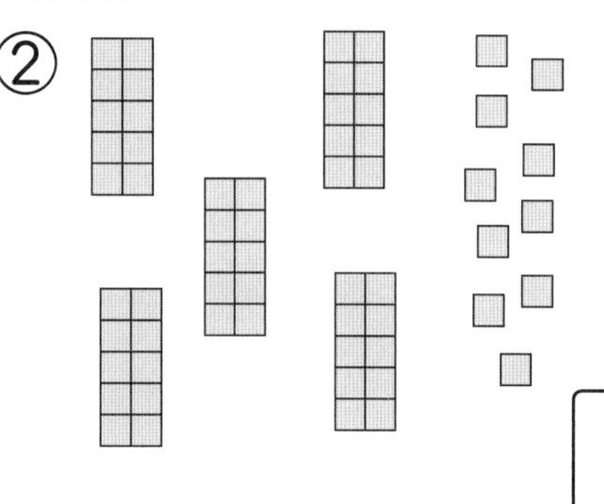

[　　]

きょうかしょ 150〜153ページ

がつ　にち

15　大きな　かず　……(2)

＼もんだいを　きちんと　よもう！／

[46は　10を　4こと、1を　6こ　あわせた　かずです。]

1 □（しかく）に　あてはまる　かずを　かきましょう。　教154ページ②

70てん(1つ10)

① 34は、を　3　こと、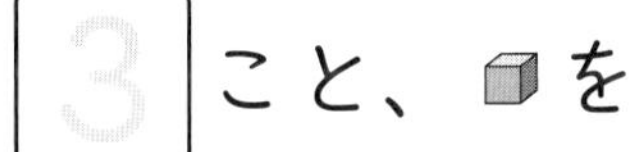を　□　こ　あわせた　かずです。

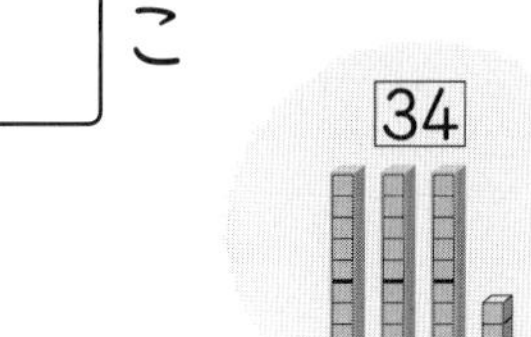

② 67は、10を　□　こと、1を　□　こ　あわせた　かずです。

③ 80は、10を　□　こと、1を　□　こ　あわせた　かずです。

④ 一（いち）のくらいの　すう字（じ）が　3、十（じゅう）のくらいの　すう字が　7の　かずは　□　です。

2 あてはまる　かずを　かきましょう。　教155ページ③　30てん(1つ10)

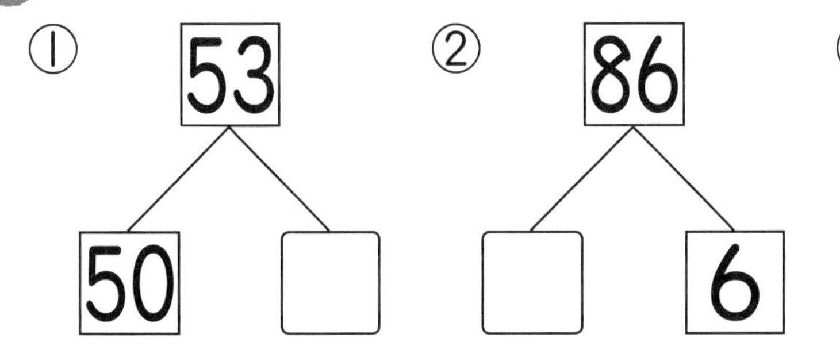

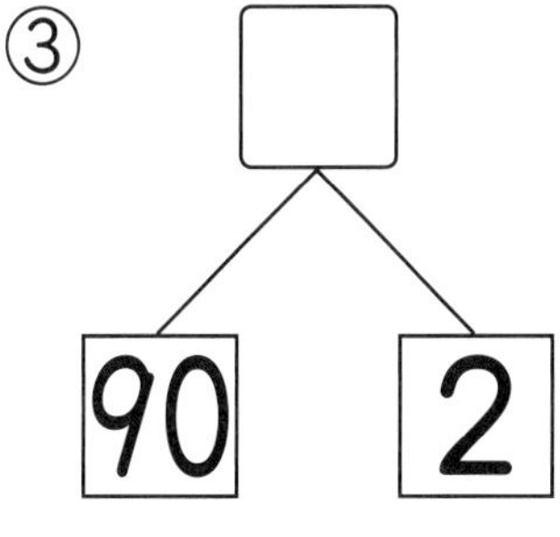

15 大きな かず ……(3)

＼もんだいを きちんと よもう！／

[10が 10こで 100(百(ひゃく))です。]

1 □(しかく)に あてはまる かずを かきましょう。

教155ページ3 20てん(1つ10)

10が 10こで  です。

100は 99より  大(おお)きい かずです。

2 100こぶんを かこみましょう。 教156ページ④ 50てん

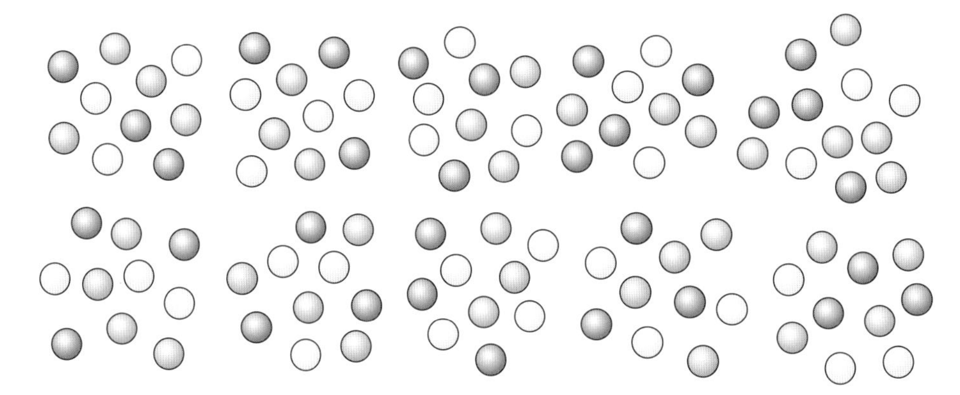

3 かずの ならびかたを 見(み)て、□に あてはまる かずを かきましょう。 教157ページ4 30てん(1つ10)

65	66		68	69
	76	77	78	79
85	86	87		89

がつ　にち

サクッとこたえあわせ
こたえ 93ページ

15　大きな　かず　……(4)

＼もんだいを きちんと よもう！／

[めもりの　すう字を　よく見て　もんだいを　ときましょう。]

⚠ミスにちゅうい！

1 いくつでしょうか。 教158ページ⑤　60てん(1つ15)

① 25より　2　大きい　かず。 □

② 36より　10　大きい　かず。 □

③ 49より　7　小さい　かず。 □

④ 90より　10　大きい　かず。 □

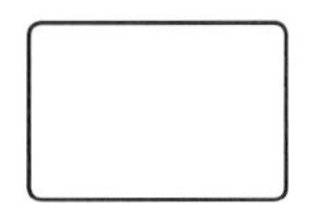

下の
かずのせんを
見て
かんがえましょう。

0　10　20　30　40　50　60　70　80　90　100

2 大きい　ほうに　○を　つけましょう。 教158ページ⑥　15てん(1つ5)

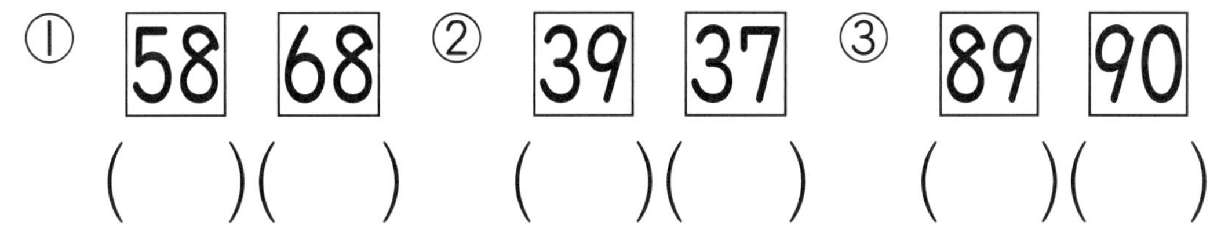

3 □に　あてはまる　かずを　かきましょう。 教158ページ⑦

25てん(1つ5)

① 94—95—□—97—98—□—100

② 40—50—□—70—□—90—□

きょうかしょ 158ページ

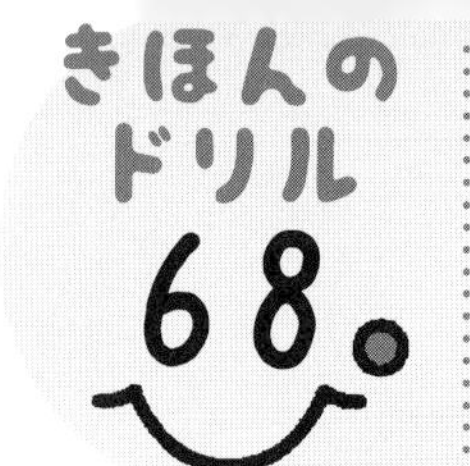

ごうかく 80てん　／100

がつ　にち

こたえ 94ページ

サクッと こたえ あわせ

15 大きな　かず ……(5)

100より　大きい　かず

＼もんだいを きちんと よもう！／

[100と　12を　あわせた　かずは　112です。]

1 いくつ　あるでしょうか。 教159ページ6、160ページ8　20てん(1つ10)

①

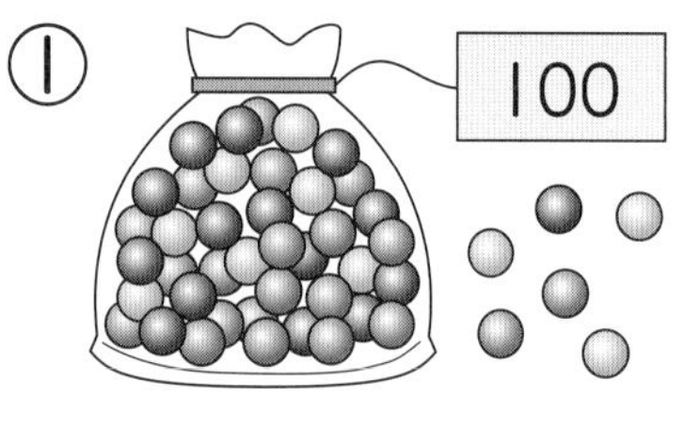

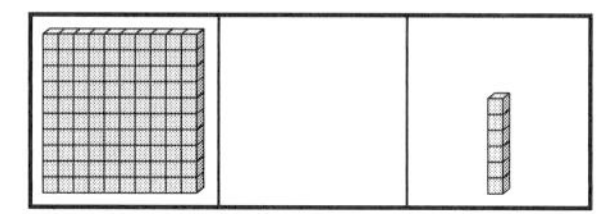

②

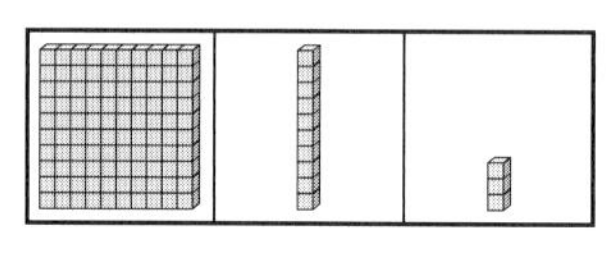

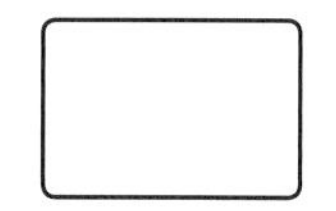

2 大(おお)きい　ほうに　○(まる)を　つけましょう。 教161ページ10

30てん(1つ10)

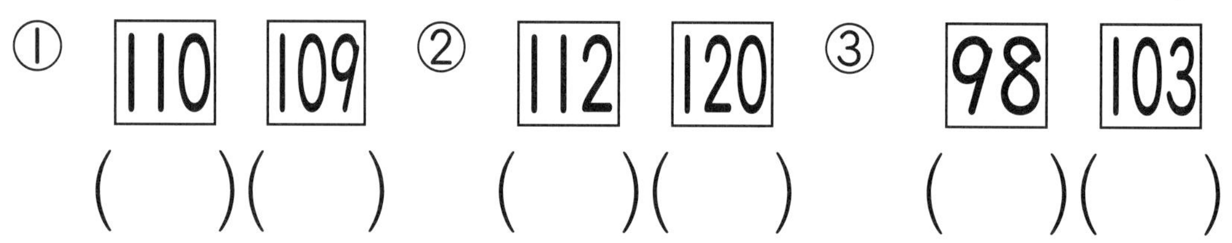

3 □(しかく)に　あてはまる　かずを　かきましょう。 教161ページ11

50てん(1つ10)

ミスにちゅうい！

① 100より　8　大きい　かず。

② 120より　6　小(ちい)さい　かず。

③

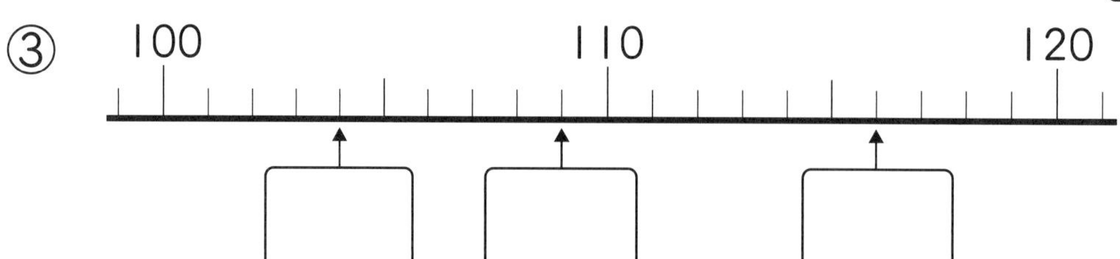

きょうかしょ 159〜161ページ

じかん 15ふん　ごうかく 80てん　／100

がつ　にち

15 大きな かず ……(6)
たしざんと ひきざん ……(1)

＼もんだいを きちんと よもう！／

[40＋20の けいさんは、10を もとに して、4＋2で かんがえます。]

1 40＋20の けいさんの しかたを かんがえます。

教162ページ7　40てん(1つ10)

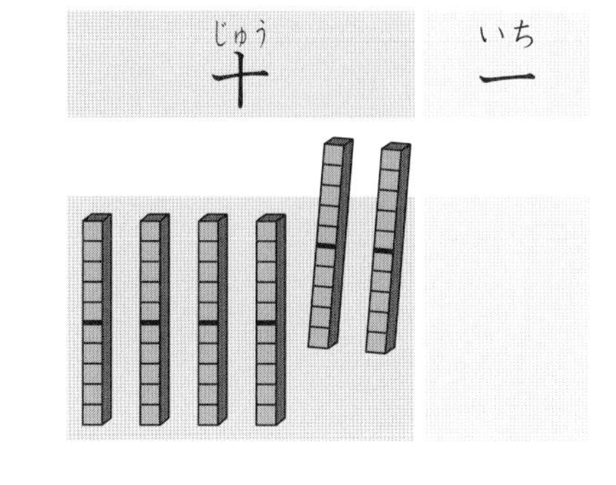

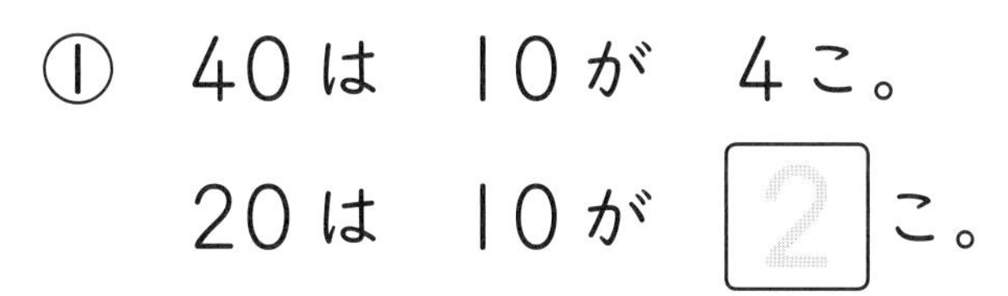
① 40は 10が 4こ。
20は 10が [2] こ。

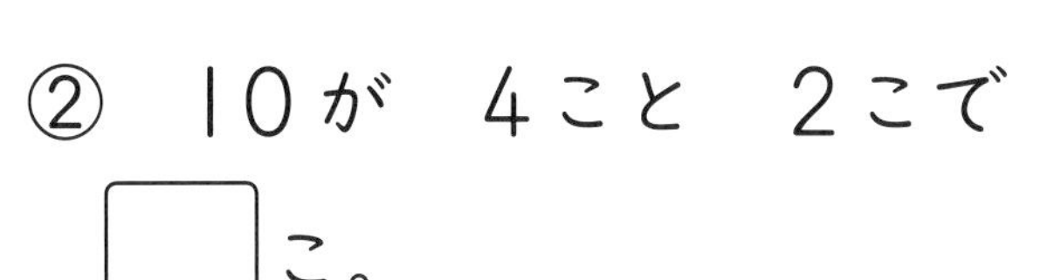
② 10が 4こと 2こで
[　] こ。

③ 10が 6こで [　]。

④ 40＋20＝[　]

2 けいさんを しましょう。 教162ページ13、14　60てん(1つ10)

① 40＋10＝[　]　② 50＋20＝[　]

③ 60＋40＝[　]　④ 50－30＝[　]

⑤ 80－50＝[　]　⑥ 90－60＝[　]

きょうかしょ 162ページ

ごうかく 80てん　/100

がつ　にち

15 大きな　かず ……(7)
たしざんと　ひきざん ……(2)

サクッと こたえ あわせ
こたえ 94ページ

＼もんだいを きちんと よもう！／

［22＋4の　けいさんは、十(じゅう)のくらいは　そのままで、一(いち)のくらいどうしを　たします。］

1 22＋4の　けいさんの　しかたを　かんがえます。

教163ページ9　20てん（1つ5）

① 22は　20と　[2]。

② 2に　4を　たして　[6]。

③ 20と　6で　[　]。

④ 22＋4＝[　]

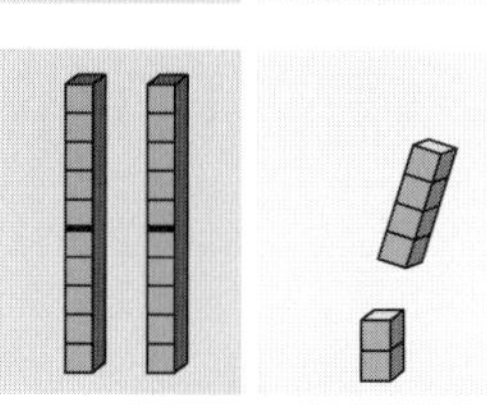

2と　4を
たすんだね。

2 けいさんを　しましょう。 教163ページ⑮、⑯　80てん（1つ10）

① 21＋6＝[　]　② 32＋5＝[　]

③ 4＋92＝[　]　④ 9＋80＝[　]

⑤ 26－3＝[　]　⑥ 35－4＝[　]

ミスにちゅうい！
⑦ 67－6＝[　]

ミスにちゅうい！
⑧ 78－8＝[　]

8－8＝0
でしたね。

きょうかしょ 163ページ

がつ　にち

15 大きな かず ……(1)

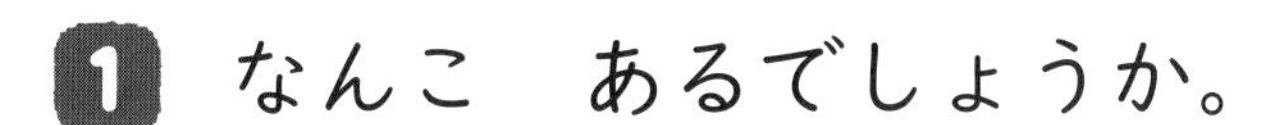

1 なんこ　あるでしょうか。　10てん

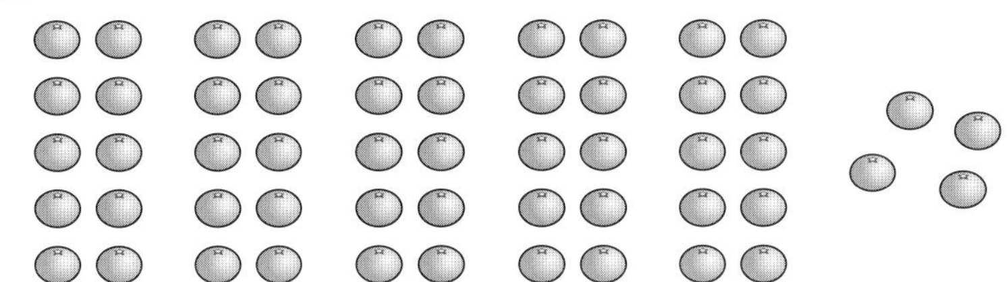

□こ

2 □(しかく)に　あてはまる　かずを　かきましょう。　30てん(1つ10)

① 10を　4こと、1を　1こ　あわせた　かずは　□です。

② 80は、10を　□こ　あつめた　かずです。

③ 一(いち)のくらいの　すう字(じ)が　7、十(じゅう)のくらいの　すう字が　9の　かずは　□です。

3 けいさんを　しましょう。　60てん(1つ10)

① $50+20=$□　② $64+5=$□

③ $4+63=$□　④ $70-40=$□

⑤ $36-3=$□　⑥ $56-6=$□

きょうかしょ 150〜163ページ

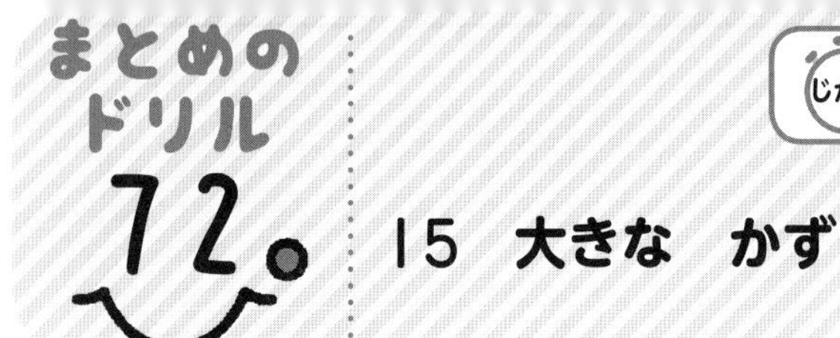

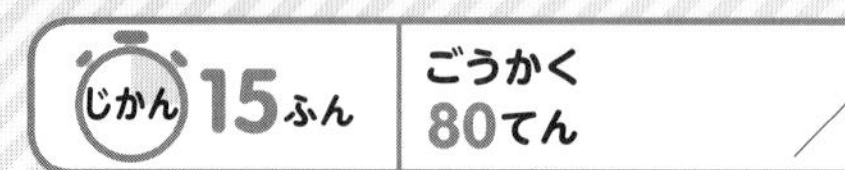

15　大きな　かず　……(2)

1　すう字で　かきましょう。　10てん(1つ5)

①
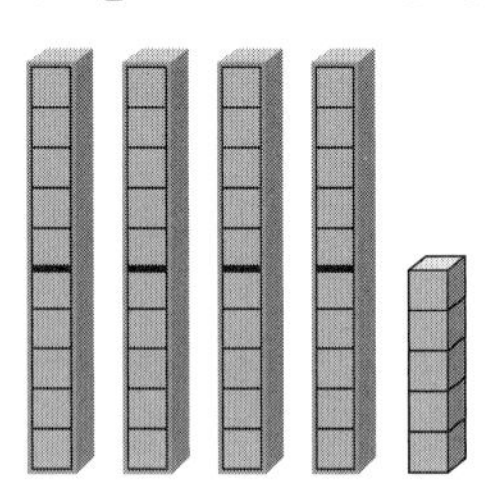

②
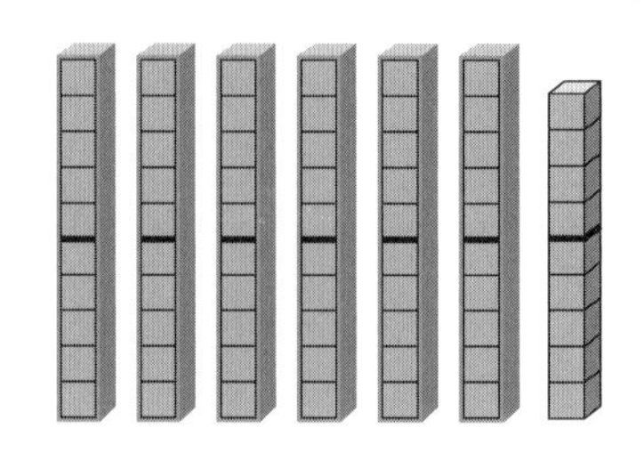

2　大きい　ほうに　○を　つけましょう。　30てん(1つ10)

① 72　75　(　)(　)

② 101　110　(　)(　)

③ 102　97　(　)(　)

3　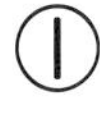に　あてはまる　かずを　かきましょう。　30てん(1つ5)

① 75－80－□－□－95－□

② 116－□－118－□－□

4　けいさんを　しましょう。　30てん(1つ5)

① 50＋50＝□

② 72＋7＝□

③ 6＋70＝□

④ 80－30＝□

⑤ 74－3＝□

⑥ 99－9＝□

きょうかしょ 150～163ページ

じかん 15ふん　ごうかく 80てん　／100

がつ　にち

サクッと こたえ あわせ

こたえ 95ページ

16　なんじなんぷん

＼もんだいを きちんと よもう！／

[とけいの　|めもりは、|ぷんを　あらわして　います。]

1　とけいを　よみましょう。

教 166ページ 1　20てん(1つ5)

①

□ じ 30 ぷん

9じはん
とも
いうね。

②

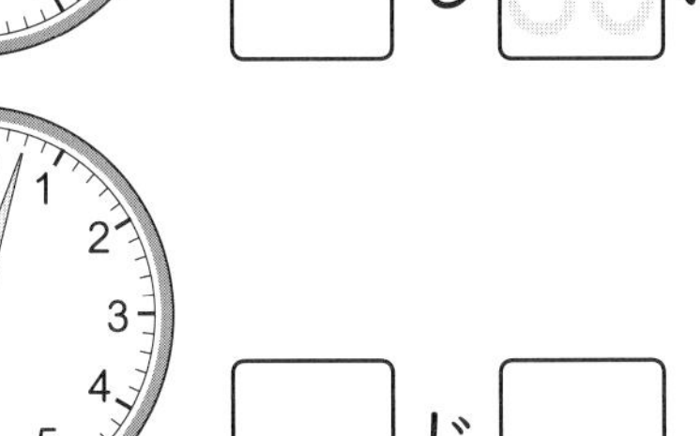

□ じ □ ぷん

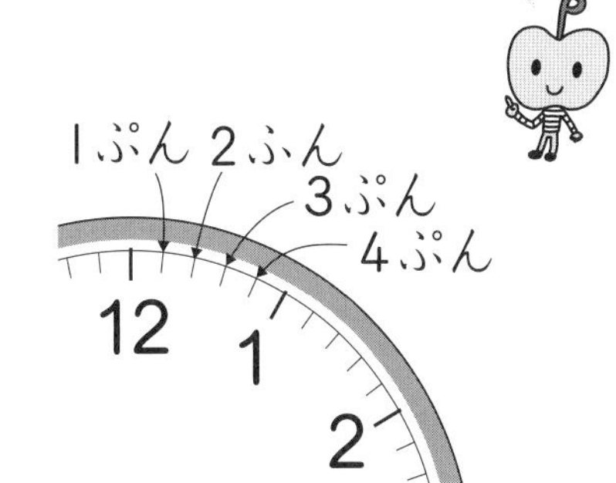

2　なんじなんぷんでしょうか。

教 167ページ①　60てん(1つ10)

①

□ じ □ ぷん

②

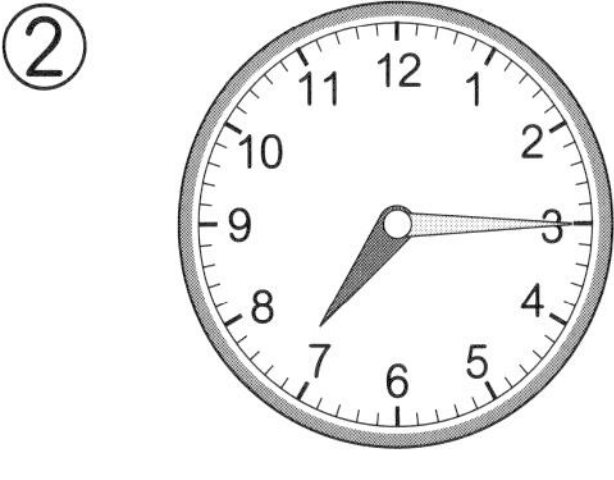

□ じ □ ふん

③

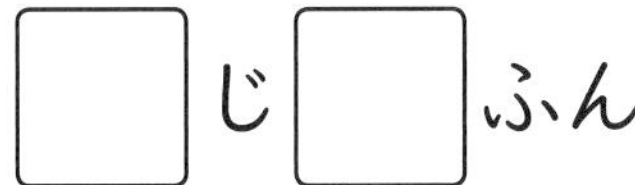

□ じ □ ふん

3　8じ 47ふんです。ながい はりを　せんで　かきましょう。

教 168ページ③　20てん

きょうかしょ 165〜168ページ

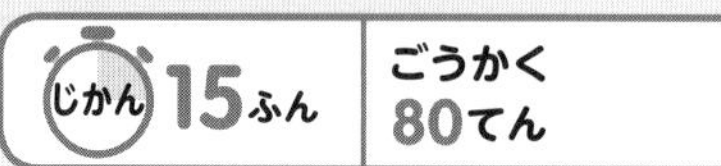

がつ　にち

17　どんな　しきに　なるかな　……(1)
じゅんばんの　かずの　けいさん

こたえ 95ページ

サクッと こたえ あわせ

もんだいを きちんと よもう！

[○(まる)の　ずを　かいて　かんがえます。]

よくよんで！

1 かずみさんは　まえから　4ばんめに　います。かずみさんの　うしろには　3人(にん)　います。 教172ページ1

40てん(1つ10)

かずみ

① ずの □(しかく)に　あてはまる　かずを　かきましょう。

② ぜんぶで　なん人　いるでしょうか。

しき　　　こたえ　　　人

よくよんで！

2 8人　のって　います。みきさんは　まえから　3ばんめです。みきさんの　うしろには　なん人　のって　いるでしょうか。 教173ページ2　30てん(しき15・こたえ15)

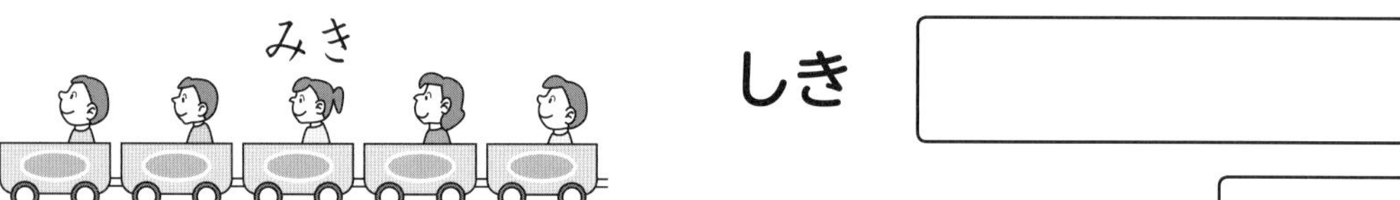

しき

こたえ　　　人

よくよんで！

3 12人で　きょうそうしました。ゆりさんの　うしろに　5人　いました。ゆりさんは　まえから　なんばんめだったでしょうか。 教173ページ①　30てん(しき15・こたえ15)

しき　　　こたえ　　　ばんめ

きょうかしょ 171〜173ページ

きほんのドリル 75。

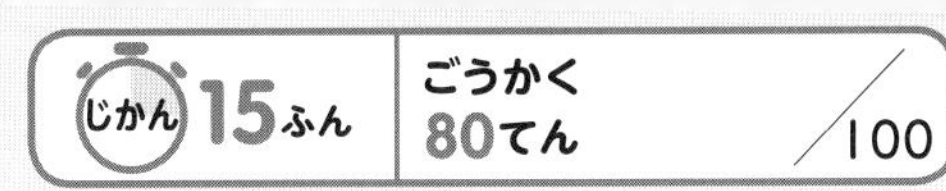

17　どんな　しきに　なるかな　……(2)

ちがいを　かんがえる　けいさん

サクッとこたえあわせ

こたえ 95ページ

＼もんだいを　きちんと　よもう！／

［おおい　ほうの　かずは　たしざんで、すくない　ほうの　かずは　ひきざんで　もとめます。］

よくよんで！

1 赤い　花は　6本　さいて　います。白い　花は、赤い　花より　5本　おおく　さいて　います。白い　花は　なん本　さいて　いるでしょうか。ずの □ に　あてはまる　かずを　かいて　もとめましょう。

教174ページ3　50てん（ず1つ5・しき20・こたえ20）

6 本

赤 ●●●●●●　5 本　おおい

白 ○○○○○○○○○○○

しき □

こたえ □ 本

よくよんで！

2 たくやさんは　ビー玉を　12こ　もって　います。おとうとは　たくやさんより　3こ　すくないそうです。おとうとは　ビー玉を　なんこ　もって　いるでしょうか。ずの □ に　あてはまる　かずを　かいて　もとめましょう。

教175ページ4　50てん（ず1つ5・しき20・こたえ20）

□ こ

たくや ●●●●●●●●●●●●

おとうと ○○○○○○○○○

□ こ　すくない

しき □

こたえ □ こ

きょうかしょ 174〜175ページ

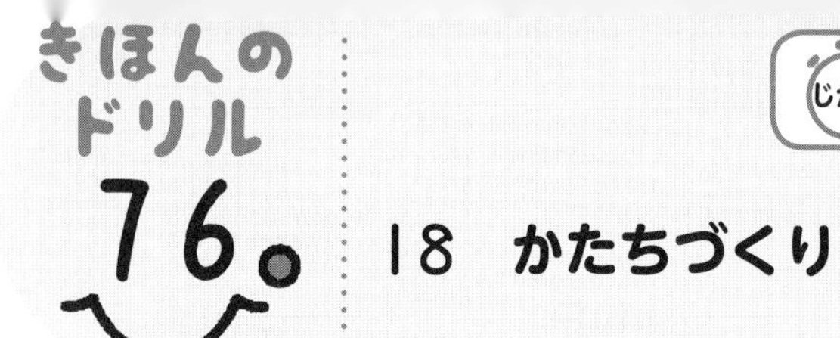

がつ　にち

18　かたちづくり ……(1)

＼もんだいを　きちんと　よもう！／

[いろいたを　くみあわせて　いろいろな　かたちを　つくります。]

1 ◢を　１まい　たして、ちがう　かたちを　２つ　つくりましょう。 教178ページ1　20てん(1つ10)

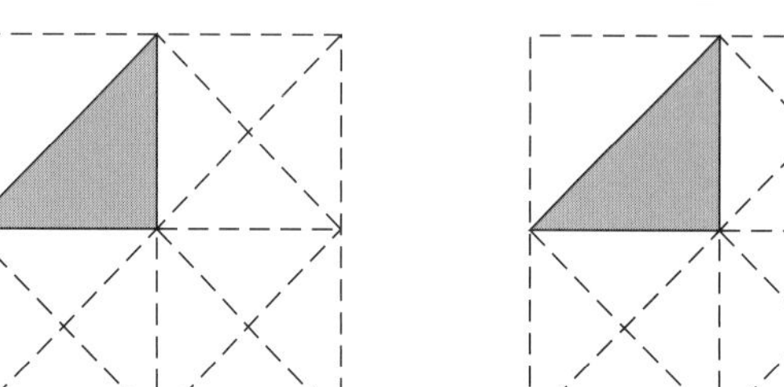

2 ◢を　２まい　たして、ちがう　かたちを　２つ　つくりましょう。 教178ページ1　40てん(1つ20)

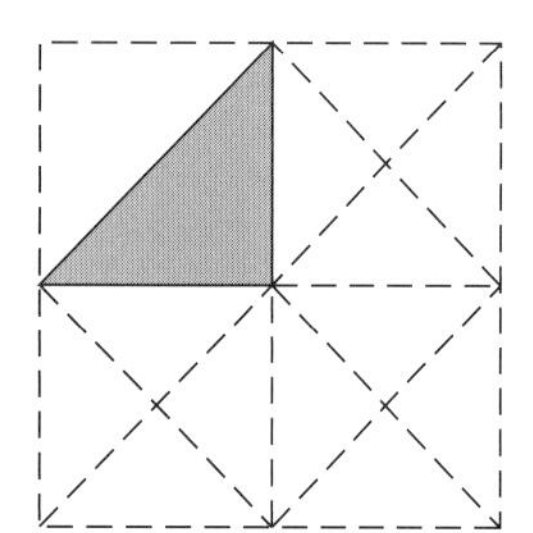

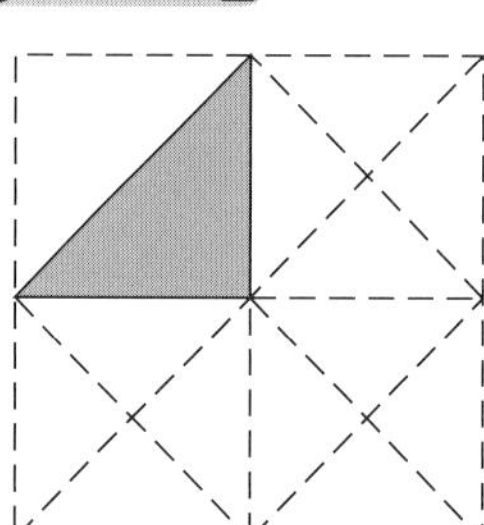

3 右(みぎ)の　かたちから　１まい　うごかして　①、②の　かたちに　かえました。どれを　うごかしたでしょうか。 教180ページ2　40てん(1つ20)

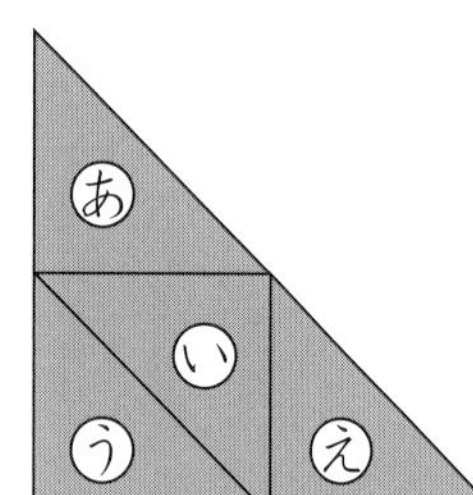

① 　(　　)

② 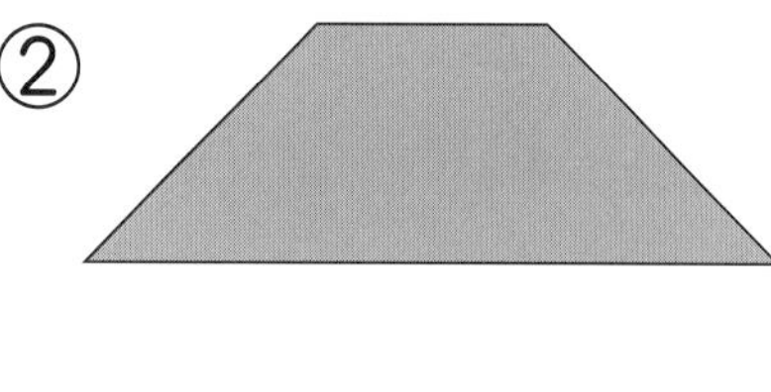　(　　)

18　かたちづくり ……(2)

サクッと こたえあわせ　こたえ 95ページ

＼もんだいを きちんと よもう！／

[ストローの　かずや　ながさに　きを　つけて　かんがえましょう。]

1　ストローを　なん本（ぼん）　つかったでしょうか。　教181ページ3

60てん（1つ20）

① 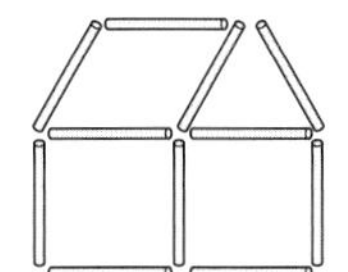　□本

② 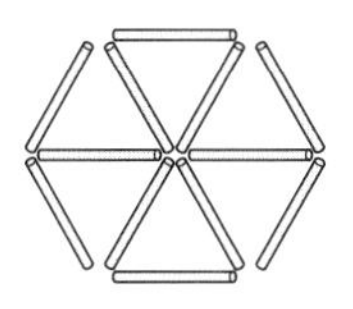　□本

③ 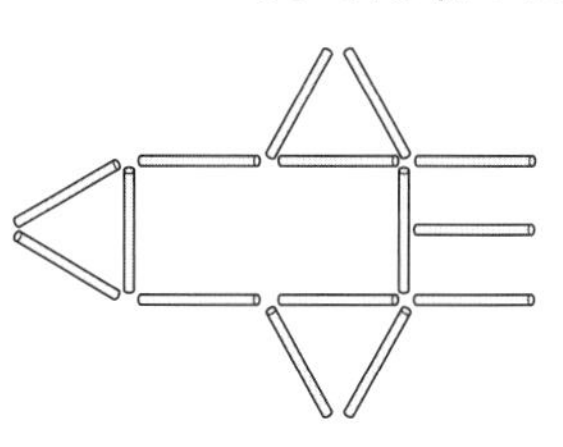　□本

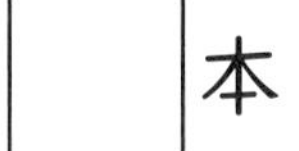
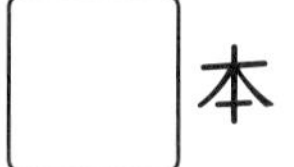

2　①、②の　ストローを　ならべると、右（みぎ）の　どの　かたちが　できるでしょうか。　教181ページ3

20てん（1つ10）

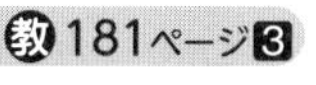

① 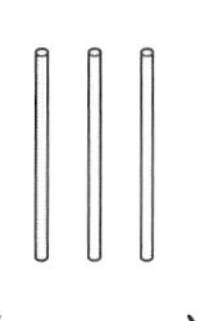　（　　）

② 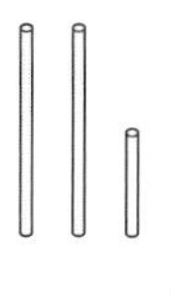　（　　）

あ 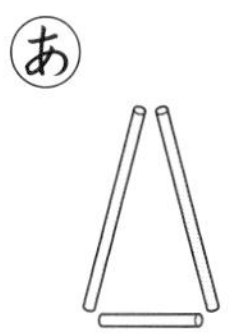

い 

う 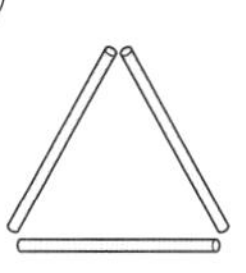

3　①、②の　かたちは、右の　どの　ストローで　つくったでしょうか。　教181ページ3

20てん（1つ10）

① 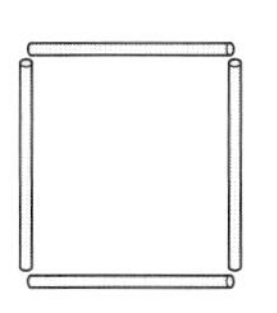　（　　）

② 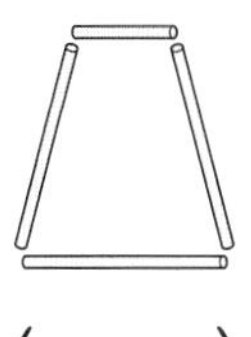　（　　）

あ 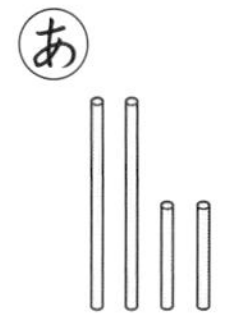

い 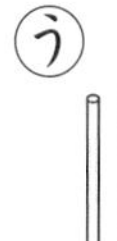

う

ごうかく 80てん　/100

がつ　にち

たしざん／ひきざん

1 けいさんを　しましょう。　40てん(1つ5)

① 4＋2＝□　② 7＋8＝□

③ 10−9＝□　④ 16−9＝□

⑤ 60＋20＝□　⑥ 2＋80＝□

⑦ 90−10＝□　⑧ 47−5＝□

2 □(しかく)に　あてはまる　＋か　−を　かきましょう。　20てん(1つ10)

① 15□3＝18　② 24□4＝20

よくよんで！

3 ぼくじょうに、うしが　8とう、うまが　5とう　います。うしと　うまは　あわせて　なんとう　いるでしょうか。

20てん(しき10・こたえ10)

しき □　こたえ □とう

よくよんで！

4 バスに　おきゃくが　16人(にん)　のって　います。そのうち　7人は　子(こ)どもです。おとなは　なん人　のって　いるでしょうか。

20てん(しき10・こたえ10)

しき □　こたえ □人

学年まつの ホームテスト 79。

がつ　にち

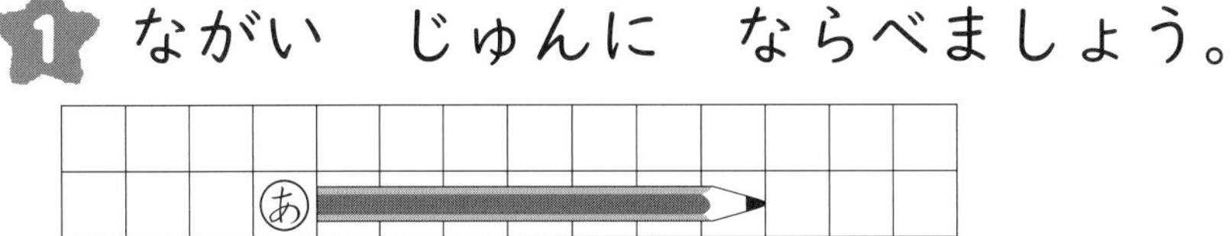

くらべかた／大きな　かず ……(1)

1 ながい　じゅんに　ならべましょう。 30てん(1つ10)

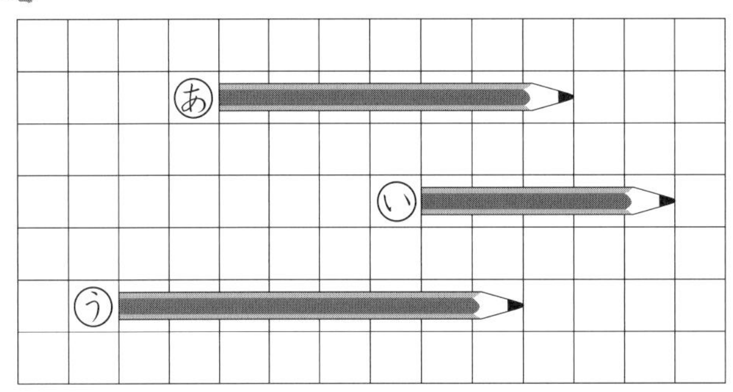

(　　)→(　　)→(　　)

2 いくつ　あるでしょうか。 30てん

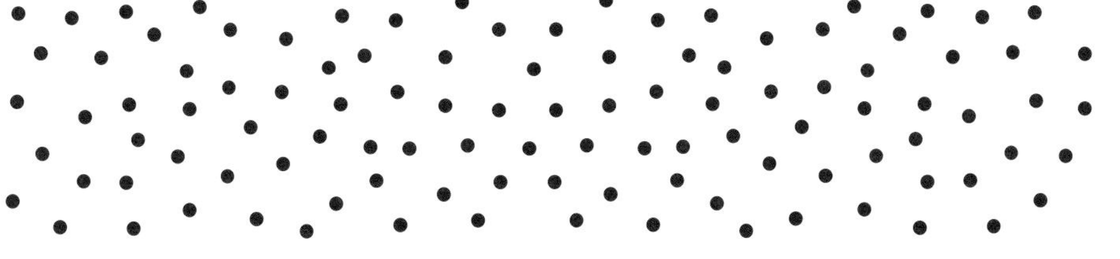

□こ

3 □(しかく)に　あてはまる　かずを　かきましょう。 40てん(1つ10)

① 10を　9こと、1を　2こ　あわせた　かずは □です。

② 一(いち)のくらいの　すう字(じ)が　4、十(じゅう)のくらいの　すう字が　3の　かずは □です。

③ 100は　10を □こ　あつめた　かずです。

④ 100より　20　大(おお)きい　かずは □です。

じかん 15ふん　ごうかく 80てん　／100

がつ　にち

サクッと こたえ あわせ

こたえ 96ページ

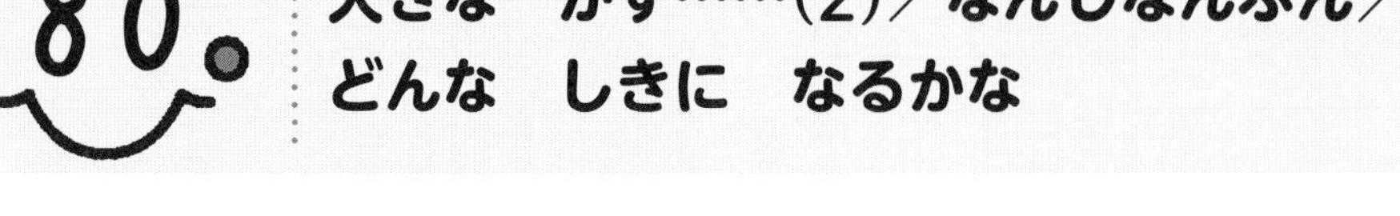

大きな　かず……(2)／なんじなんぷん／どんな　しきに　なるかな

1 □(しかく)に　あてはまる　かずを　かきましょう。　40てん(1つ10)

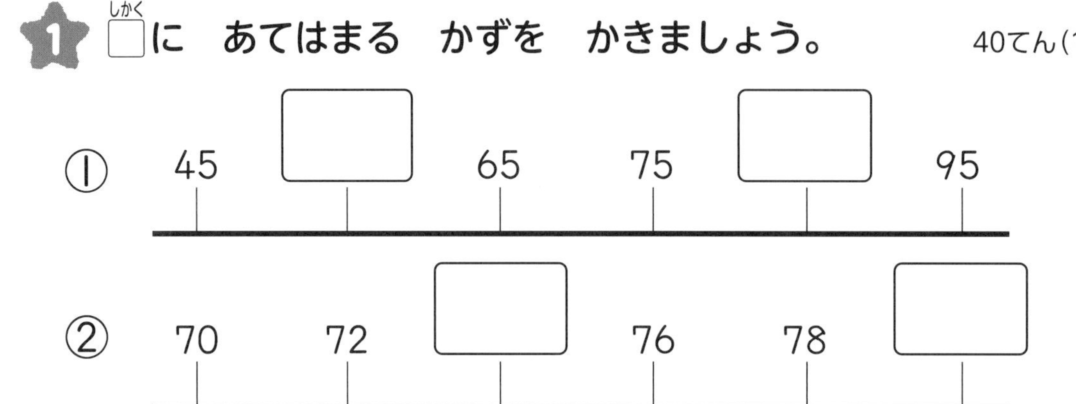

2 なんじなんぷんでしょうか。　30てん(1つ5)

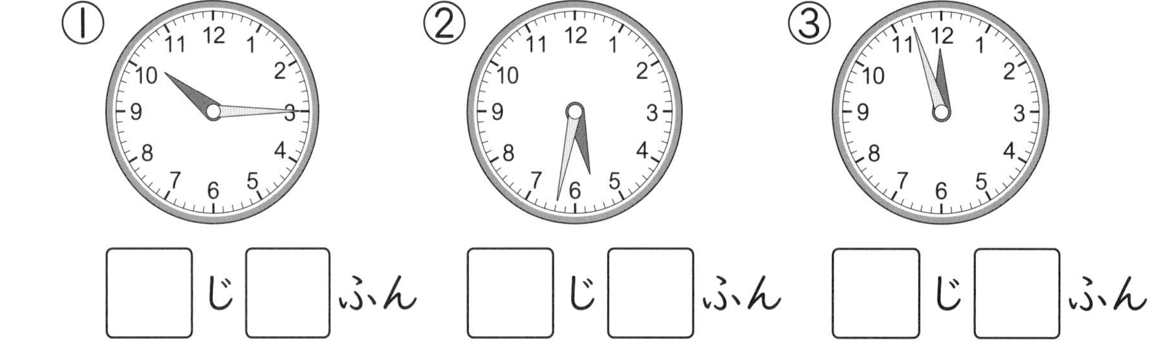

よくよんで！

3 みさきさんは　まえから　7ばんめに　います。みさきさんの　うしろに　6人(にん)　います。みんなで　なん人　いるでしょうか。　30てん(しき20・こたえ10)

↑
みさき

しき

こたえ　　　人

●ドリルやテストがおわったら、うしろの「がんばりひょう」にシールをはりましょう。
●まちがえたら、かならずやりなおしましょう。「考え方」もよみなおしましょう。

1. なかよし　あつまれ　1ページ

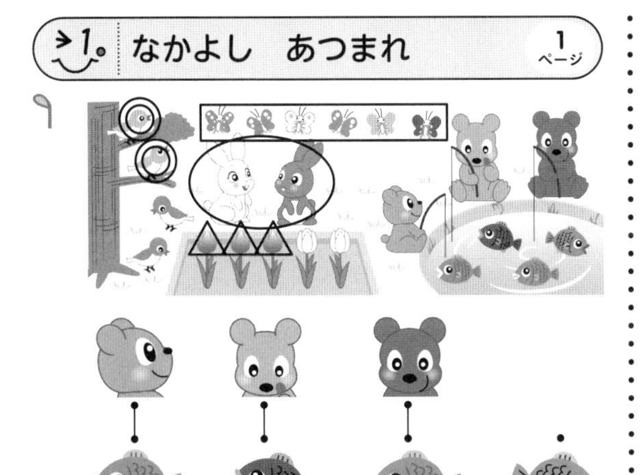

考え方　具体物について、同じ仲間であるものの集まりを認識させます。また、くまの仲間と魚の仲間に着目し、１対１に対応させます。このとき、どんな順につないでも間違いではありませんが、左から順につないでいくと、きちんと整理できて、よいことに気づかせます。なお、２つのものの集まりを１対１に対応させることによって、個数の概念（多少や大小、個数など）を理解することができます。

2. １　いくつかな　2ページ

1 じゅんに

●●●○○　●●○○○　●●●●●

2 しょうりゃく

考え方　１個から５個までの具体物と●の１対１対応をできるようにし、数字を覚えます。数字を、書き順も含め、正しく書けるかをみます。具体物→半具体物（●）→数字と、抽象化しています。

3. １　いくつかな　3ページ

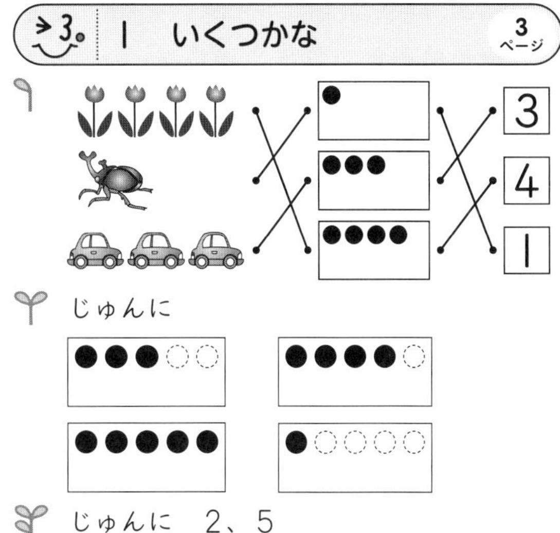

2 じゅんに

●●●○○　●●●●○
●●●●●　●○○○○

3 じゅんに　２、５

考え方　具体物↔半具体物（●）↔数字　や、数字↔半具体物、具体物↔数字　の対応により、１から５までの数の概念を理解させ、定着させます。声に出して、数を唱えることも大切です。

4. １　いくつかな　4ページ

1 じゅんに

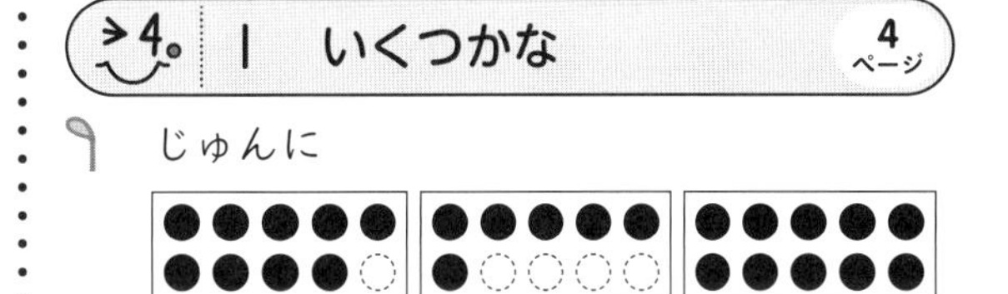

2 しょうりゃく

考え方　６から１０までの数の概念を理解させます。数字は、書き順も含め、正しく書けるようにします。とくに、８や９などの数字の書き始めの位置が正しいか、注意が必要です。なお、５、またはそれより大きい数は、直観的に把握しづらくなります。そのときは、５のまとまりに着目させて、数を把握できるようにさせることも大切です。

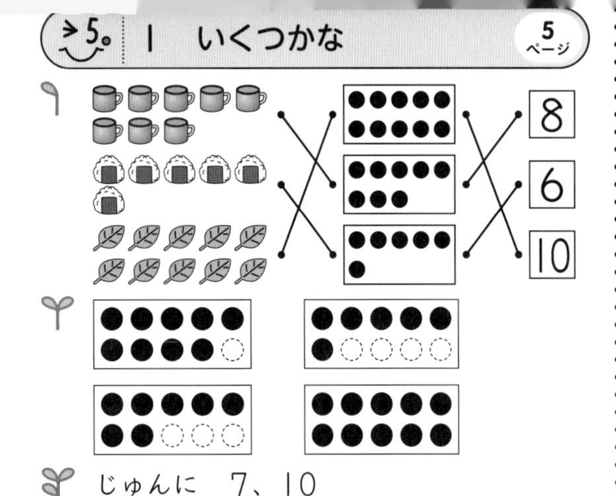

5 1 いくつかな 5ページ

じゅんに　7、10

考え方　10までの数を数えたり、読んだり、書いたりできるようにします。10だけが1と0の2つの数で表されていることに注意します。

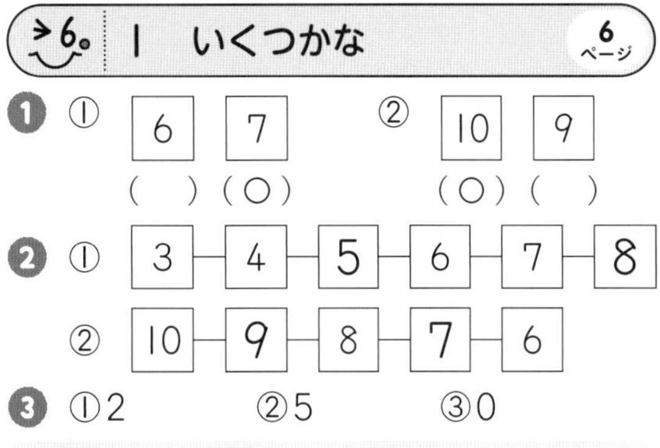

6 1 いくつかな 6ページ

❶ ①　6　7　（　）（○）　②　10　9　（○）（　）

❷ ①　3－4－5－6－7－8

②　10－9－8－7－6

❸ ①2　②5　③0

考え方　❶ 数の大小を考えさせます。具体物に置きかえずに、数字を見て大小がわかるようになることが大切です。
❷ 0から10までの数について、大小の順序を理解します。
❸ 0の意味を理解させます。1つもないこと、1つも入らない状態が0です。

おうちのかたへ　0の概念はインド人によって発見され、ヨーロッパに伝わりました。0は、230、4056のように、位取り記数法の空位を表す数としても使われます。この段階で、0は1つもないことを表す数として学習します。

7 2 なんばんめ 7ページ

❶ ①

②

❷ ①

②

❸ みよ

考え方　❶ ①は集合数、②は順序を表す数です。①は4台とも囲みますが、②で囲むのは1台だけです。
❷ ①3羽とも色をぬります。
②色をぬるのは1羽だけです。
❸「前から5人目」は、みよさんだけです。「前から5人」の場合は、ゆみさん、かずおさん、ゆうたさん、ひろみさん、みよさんの5人です。

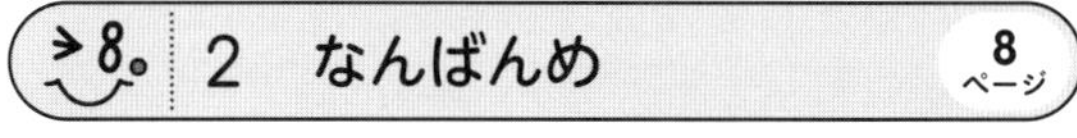

8 2 なんばんめ 8ページ

❶ ①11　②12

❷ ①6　②5　③4

考え方　❶ 10より大きい数11、12の順序数です。
❷「まえから」「うしろから」の2つの基点の順序数を考えさせます。

9 3 いま なんじ 9ページ

❶ じゅんに　5、12、5じ
9、10、6、9じはん

❷ ①6じ　②4じはん

考え方　❷ ①短い針が6を、長い針が12をさしているから、6時です。
②短い針が4と5の間で、長い針が6をさしているから、4時半です。

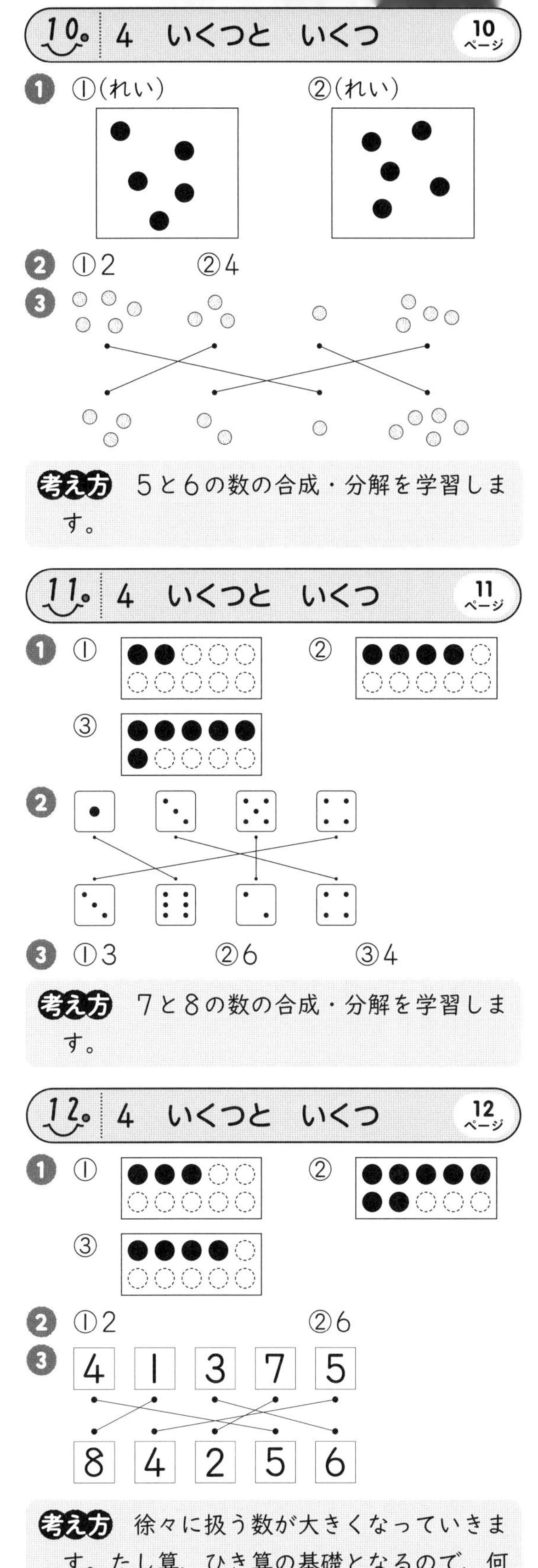

10. 4 いくつと いくつ 10ページ

1 ①(れい) ②(れい)

2 ①2 ②4

3

考え方 5と6の数の合成・分解を学習します。

11. 4 いくつと いくつ 11ページ

1 ① ② ③

2

3 ①3 ②6 ③4

考え方 7と8の数の合成・分解を学習します。

12. 4 いくつと いくつ 12ページ

1 ① ② ③

2 ①2 ②6

3 4 1 3 7 5 / 8 4 2 5 6

考え方 徐々に扱う数が大きくなっていきます。たし算、ひき算の基礎となるので、何度も練習して、しっかり身につけさせます。

13. 4 いくつと いくつ 13ページ

1 ①3 ②6

2 ①2 ②5 ③9

3

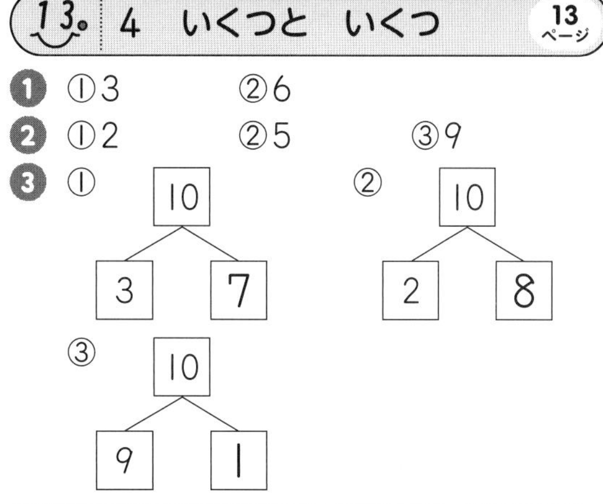

考え方 10の合成・分解は、もっとも大切です。1と9、2と8、3と7、4と6、5と5、6と4、7と3、8と2、9と1の9通りの合成・分解がスムーズにできるようになるまで、何度も練習させましょう。

14. 5 ぜんぶで いくつ 14ページ

1 ①じゅんに 4、2、6
②じゅんに 2、6、6

2 **しき** 3+1=4 **こたえ** 4ほん

考え方 増加の場面を、たし算の式に表すことを学びます。+の前にはじめの数を、+の後ろに増えた数を、=の後ろに結果の数を書いて表します。

2 はじめに3あって、1増えると4になることを式に表します。

3 + 1 = 4
(はじめの数)(増えた数)(全部の数)

15. 5 ぜんぶで いくつ 15ページ

1 **しき** 3+4=7 **こたえ** 7こ

2 3 **しき** 3+3=6 **こたえ** 6ぽん

3 ①4 ②4

考え方 「ふえるといくつ」のような増加の場面を、+や=の記号を使って式に表し、計算ができるようにします。

1 はじめに3こあって、4こ増えると、7こになることを式に表します。

3 + 4 = 7
(はじめの数)(増えた数)(全部の数)

16. 5 ぜんぶで いくつ 16ページ

❶ しき 4+3=7

こたえ 7ひき

❷ ①5+2=7
②4+4=8

❸ しき 3+5=8

こたえ 8ひき

考え方 「あわせていくつ」のような合併の場面を、増加の場合と同じようにたし算の式をつくって計算できるようにします。
❶ 4ひきと3びきを合わせると7ひきになることを式に表します。

4 + 3 = 7
（4・3：合わせる数　7：合わせた数）

17. 5 ぜんぶで いくつ 17ページ

❶ しき 4+5=9

こたえ 9ひき

❷ しき 6+3=9

こたえ 9ほん

❸ ①6 ②7 ③8 ④10

考え方 和が10までのたし算を練習します。増加、合併のどちらの場面も、同じたし算の式で計算します。

18. 5 ぜんぶで いくつ 18ページ

❶ ①2 ②0+3=3

❷ ①5 ②8 ③9 ④1
⑤4 ⑥6 ⑦7 ⑧0

考え方 0という数字は抽象的でとらえにくいかもしれませんが、他の数と同様に計算できることを理解させます。

19. 5 ぜんぶで いくつ 19ページ

❶
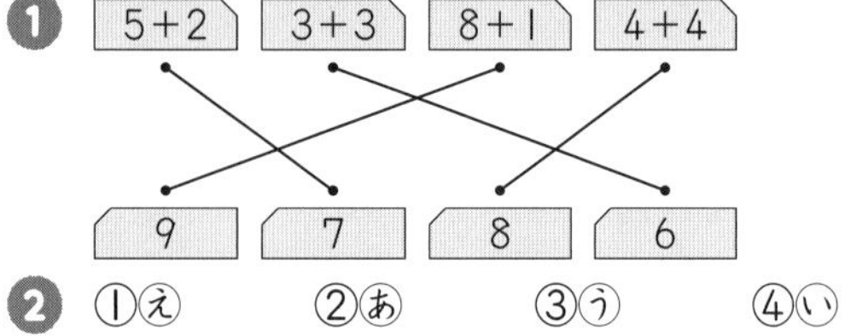

❷ ①ⓔ ②ⓐ ③ⓤ ④ⓘ

考え方 計算カードを使って、たし算の習熟をはかります。計算カードは、裏に表のたし算の答えが書いてあります。

20. 5 ぜんぶで いくつ 20ページ

❶ ①5 ②8 ③8 ④10

❷ ①6 ②4

❸ しき 3+2=5

こたえ 5だい

❹ ①5 ②3

考え方 ❸ 式は、「3+2」ではなく、「3+2=5」と、なるべく答えまで書くように習慣づけます。
❹ ①4+1=5
②5+□=8の□にあてはまる数を求めます。「いくつといくつ」で学習した「8は5と□」の□にあてはまる数です。

おうちのかたへ 具体物→半具体物→数字の順に考え方が難しくなります。数字でつまずいたら、半具体物、具体物を使って考えます。

21. 5 ぜんぶで いくつ 21ページ

❶ ①6 ②9
③6 ④7
⑤9 ⑥10

❷ しき 3+7=10

こたえ 10ぽん

❸ ⓐとⓔ、ⓘとⓤ

考え方 ❸ それぞれのカードの答えを求めると、次のようになります。
ⓐ4+1=5 ⓘ3+5=8
ⓤ6+2=8 ⓔ2+3=5

22. 6 のこりは いくつ 22ページ

❶ ①じゅんに 5、2、3
②じゅんに 2、3、3

❷ しき 4－1＝3
こたえ 3びき

考え方 求残の場面をひき算の式に表すことを学びます。－の前にはじめの数を、－の後ろに減った数を、＝の後ろに残った数を書いて表します。

❷ はじめに4あって、1減ると3になることを式に表します。

4 － 1 ＝ 3
（はじめの数）（減った数）（残りの数）

23. 6 のこりは いくつ 23ページ

❶ しき 6－4＝2
こたえ 2まい

❷ しき 7－3＝4
こたえ 4だい

❸ ①2 ②4

考え方 ❶ はじめに6枚あって、4枚減ると2枚になることを式に表します。

6 － 4 ＝ 2
（はじめの数）（減った数）（残りの数）

❷ はじめに7台あって、3台減ると4台になります。

24. 6 のこりは いくつ 24ページ

❶ しき 10－3＝7
こたえ 7ひき

❷ しき 6－4＝2
こたえ 2ほん

❸ ①1 ②4
③8 ④4

考え方 ❶ どんぐりを持っていないりすの数は、ぜんぶのりすの数からどんぐりを持っているりすの数をひいて求められます。

❷ たし算、ひき算では、数量の単位が等しいものどうしで行います。この問題は異種の量のひき算ですが、1人が1本ずつ飲むので、ジュースは4本減ると解釈し、同種の量の計算におきかえます。

❸ ④ひかれる数が10のひき算の場合の誤答が多く見うけられます。くり返し練習させましょう。

25. 6 のこりは いくつ 25ページ

❶ ①4、0 ②0、4

❷ ①しき 5－2＝3
こたえ 3まい
②しき 5－0＝5
こたえ 5まい

❸ ①0 ②0 ③8 ④0

考え方 ❶ ①あめが4個あって、4個食べると、あめはなくなってしまいます。
1個もないことを表す数は0です。

4 － 4 ＝ 0
（はじめの数）（減った数）（残りの数）

②食べないと、1個も減らないので、あめの数は4個のままです。

4 － 0 ＝ 4
（はじめの数）（減った数）（残りの数）

❸ ①、②ひかれる数と同じ数をひくと、答えは0になります。
③、④0をひいても、答えはかわりません。

26. 6 のこりは いくつ 26ページ

❶

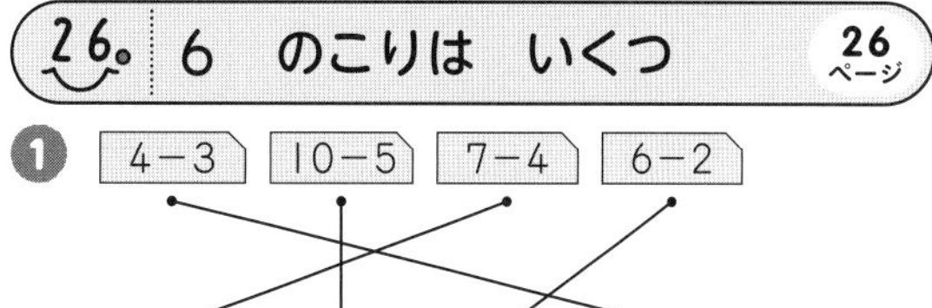

❷ ①ⓘ ②ⓤ ③ⓔ ④ⓐ

考え方 計算カードを使って、ひき算の習熟をはかります。

27。 6 のこりは いくつ 27ページ

1 ①1 ②2
③3 ④0
⑤2 ⑥2

2 しき 9−2=7
こたえ 7こ

3 ㋐と㋒、㋑と㋓

考え方 **2** 「のこりはいくつ」の答えは、ひき算で求めます。
3 それぞれのカードの答えを求めると、次のようになります。
㋐5−3=2 ㋑9−4=5
㋒8−6=2 ㋓7−2=5

おうちのかたへ たし算よりも、ひき算を苦手としている子供が多く見うけられます。くり返し練習してマスターしましょう。

28。 7 どれだけ おおい 28ページ

1 しき 6−4=2
こたえ 2こ

2 しき 5−3=2
こたえ めだかが 2ひき おおい。

3 しき 7−4=3
こたえ いちごが 3こ おおい。

考え方 一歩踏み込んだ求差の場面です。量の多い、少ないの判断をしてから計算します。
2 きんぎょは3匹、めだかが5匹だから、めだかの方が多いと判断します。
どれだけ多いかは、ひき算で求めます。このとき、3−5=2のように問題に出てくる数量の順に計算式を立ててはいけません。ひき算は、大きい数から小さい数をひきます。式は、5−3=2と書きます。
3 さくらんぼは4個、いちごは7個だから、いちごの方が多いです。
何個多いかは、多い方のいちごの数から、少ない方のさくらんぼの数をひいて求めるので、式は7−4=3と表します。

29。 7 どれだけ おおい 29ページ

1 しき 6−3=3
こたえ 3こ

2 しき 5−1=4
こたえ 4にん

3 しき 9−6=3
こたえ 3つ

考え方 「ちがいはいくつ」の答えも、ひき算で求めます。このとき注意しなければならないのは、大きい数から小さい数をひくことです。
ひき算のキーワードは、「のこりは」、「どちらがおおい」、「ちがいは」などです。

30。 いくつかな／なんばんめ／いま なんじ 30ページ

1
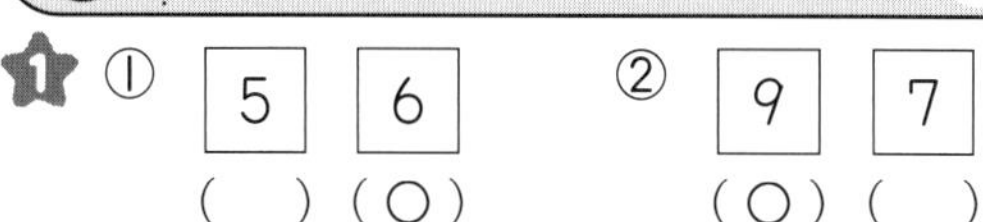

2

3

4 ①7じ ②3じはん

考え方 **2** ①大きい順に並んでいます。1の次は0です。

おうちのかたへ 0から10までの数について、大小と順序をしっかり理解させます。

31。いくつと いくつ／ぜんぶで いくつ　31ページ

1 ①3　②5
2 ①7　②2
3 ①7　②5　③9　④9　⑤10　⑥8
4 しき　3＋7＝10　　こたえ　10ぽん

考え方 **1** ①6と3で9
②4と5で9
2 ①3と7で10
②8と2で10
4「ぜんぶでいくつ」の答えは、たし算で求められます。

おうちのかたへ　和が10までのたし算は、指を使わなくてもできるように練習させましょう。

32。のこりは いくつ／どれだけ おおい　32ページ

1 ①4　②3　③5　④9　⑤0
2 しき　5－3＝2　　こたえ　2こ
3 しき　6－4＝2
こたえ　いちりんしゃが　2だい　おおい。

考え方 **2**「のこりはいくつ」の答えは、ひき算で求められます。

5　－　3　＝　2
↑はじめの数　↑減った数　↑残りの数

3 一輪車の方が多いから、一輪車の数から自転車の数をひきます。

おうちのかたへ　文章題では、たし算になるお話と、ひき算になるお話の違いを理解させます。「あわせると」、「ぜんぶで」、「みんなで」、「のこりは」、「どちらがおおい」、「ちがいは」などのキーワードに着目させましょう。

33。8 10より 大きい かず　33ページ

1 じゅんに 10、4、14
2 ①13こ　②19ほん
3 ①9　②20
4

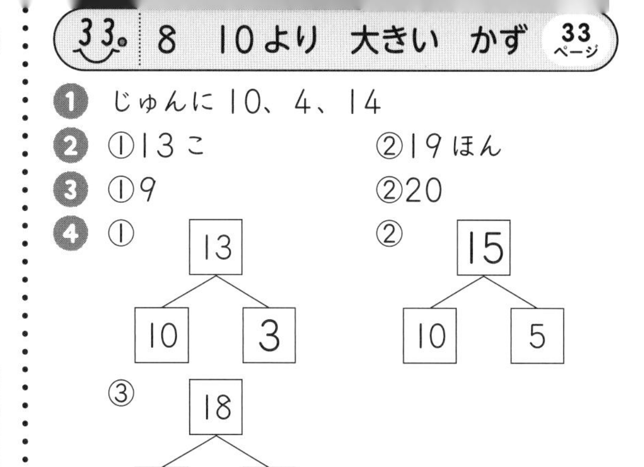

考え方　11から20までの数について学習します。「10といくつ」のとらえ方ができるようにしましょう。

34。8 10より 大きい かず　34ページ

1

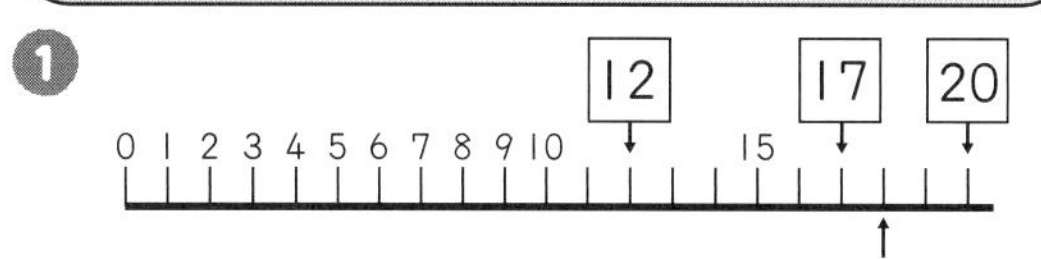

2 ① 20－19－18－17－16－15
②19　③15
3 ①

②14ばんめ

考え方 **2** ②

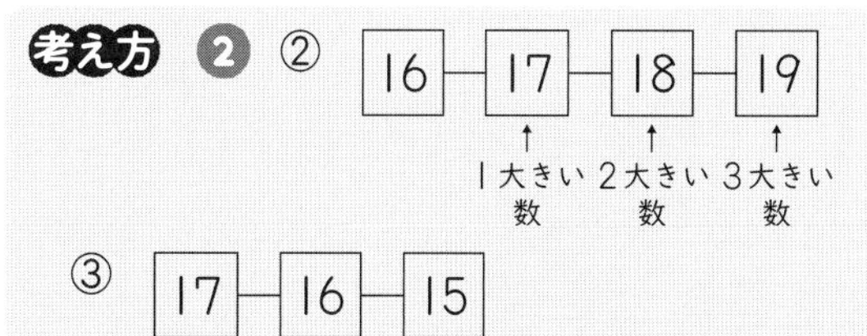

3 ②みどりさんは、12番目の人の次の次で、14番目です。

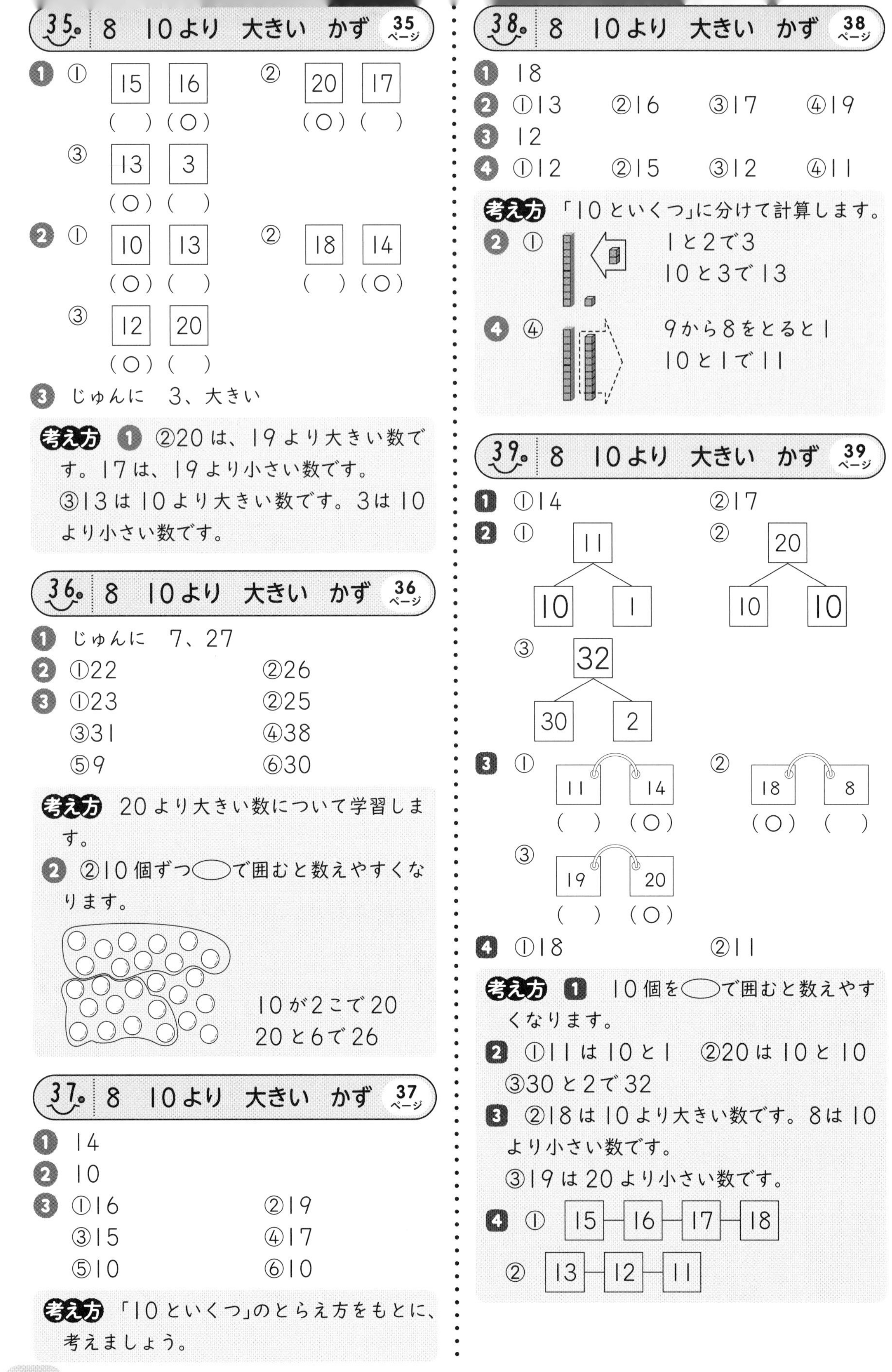

35 8 10より 大きい かず 35ページ

1 ① 15 16 （ ）（○）　② 20 17 （○）（ ）
③ 13 3 （○）（ ）

2 ① 10 13 （○）（ ）　② 18 14 （ ）（○）
③ 12 20 （○）（ ）

3 じゅんに　3、大きい

考え方 **1** ②20は、19より大きい数です。17は、19より小さい数です。
③13は10より大きい数です。3は10より小さい数です。

36 8 10より 大きい かず 36ページ

1 じゅんに　7、27

2 ①22　②26

3 ①23　②25
③31　④38
⑤9　⑥30

考え方 20より大きい数について学習します。
2 ②10個ずつ◯で囲むと数えやすくなります。

10が2こで20
20と6で26

37 8 10より 大きい かず 37ページ

1 14

2 10

3 ①16　②19
③15　④17
⑤10　⑥10

考え方 「10といくつ」のとらえ方をもとに、考えましょう。

38 8 10より 大きい かず 38ページ

1 18

2 ①13　②16　③17　④19

3 12

4 ①12　②15　③12　④11

考え方 「10といくつ」に分けて計算します。
2 ① 1と2で3
10と3で13
4 ④ 9から8をとると1
10と1で11

39 8 10より 大きい かず 39ページ

1 ①14　②17

2 ① 11 → 10、1　② 20 → 10、10
③ 32 → 30、2

3 ① 11 14 （ ）（○）　② 18 8 （○）（ ）
③ 19 20 （ ）（○）

4 ①18　②11

考え方 **1** 10個を◯で囲むと数えやすくなります。
2 ①11は10と1　②20は10と10
③30と2で32
3 ②18は10より大きい数です。8は10より小さい数です。
③19は20より小さい数です。
4 ① 15―16―17―18
② 13―12―11

40。 8 10より 大きい かず 40ページ

1 ①12 ②16 ③20
④23 ⑤25

2

0 1 2 3 4 5 6 … 10 … 14 16 18 20

上：8、12　下：11、17

3 ①17 ②19 ③17
④10 ⑤14 ⑥11

考え方 **1** ⑤10ずつ○で囲むと、20と5で25、または、「五、十、十五、二十、二十五」と、5とびに数えます。

41。 9 かずを せいりして 41ページ

1 ①

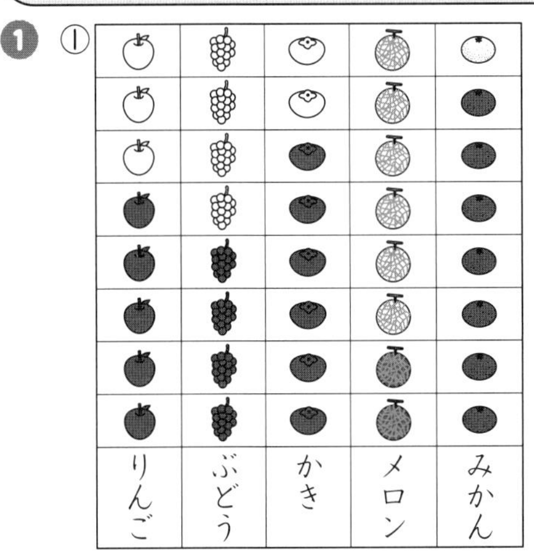

②りんごが 1こ おおい。

考え方 くだものの数を、種類別に整理すると、どのくだものが多いか、少ないかが一目でわかるようになります。

問題の上の絵と、整理した図とで、くだものの数がわかりやすいのはどちらの方か、話し合ってみるとよいでしょう。

42。 10 かたちあそび 42ページ

1 ①○ ②× ③○

2 ①○ ②○ ③×

3

考え方 身近な立体を特徴によって仲間分けします。

1 曲面と平面の識別です。①の筒の形は、倒すと転がります。

3 球、立方体、円柱、直方体の弁別です。立方体はさいころの形、直方体は箱の形として区別します。

43。 10 かたちあそび 43ページ

1

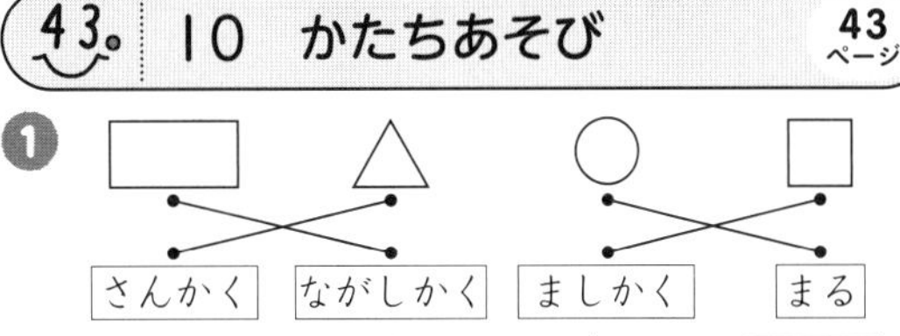

2

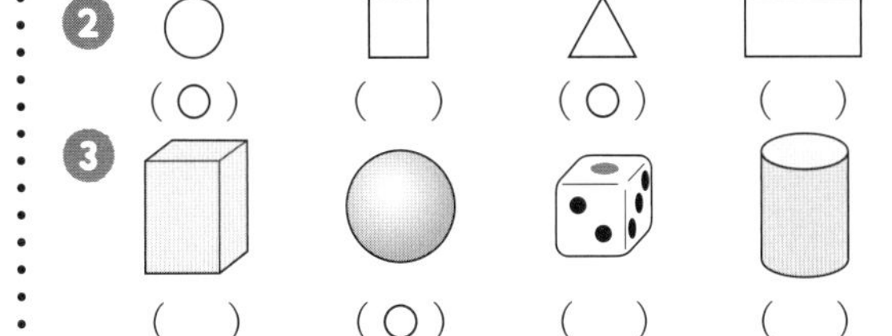

（○） （ ） （○） （ ）

3

（ ） （○） （ ） （ ）

考え方 **1** 形の名前を覚えます。

2 箱の形には、どこから見ても丸や三角の形はないことを確認させます。

44。 11 3つの かずの たしざん、ひきざん 44ページ

1 しき 2+3+4=9 こたえ 9わ

2 ①6 ②7+3+2=12（7+3→10）

3 ①7 ②10 ③15 ④17

考え方 3つの数の計算は、左から順にします。

3 ①4+1+2=7（4+1→5） ②3+4+3=10（3+4→7）
③6+4+5=15（6+4→10） ④2+8+7=17（2+8→10）

45。 11 3つの かずの たしざん、ひきざん 45ページ

1 しき 7−2−3=2 こたえ 2ひき

2 ①4 ②11−1−4=6（11−1→10）

3 ①1 ②6 ③2 ④6

考え方

❸ ①7−1−5＝1（7−1→6）　②10−3−1＝6（10−3→7）

③13−3−8＝2（13−3→10）　④18−8−4＝6（18−8→10）

46。 11 3つの かずの たしざん、ひきざん（46ページ）

❶ しき　4＋3−2＝5　　こたえ　5こ

❷ ①10　　②4＋5−6＝3（4＋5→9）

❸ ①10　②5　③7　④10

考え方

❸ ①5−2＋7＝10（5−2→3）　②3＋6−4＝5（3＋6→9）

③10−6＋3＝7（10−6→4）　④12＋5−7＝10（12＋5→17）

47。 11 3つの かずの たしざん、ひきざん（47ページ）

❶ ①7　②13　③1

④4　⑤13　⑥14

❷ しき　3＋1＋4＝8　　こたえ　8人

❸ しき　6−4＋5＝7　　こたえ　7ひき

考え方

❶ ①1＋4＋2＝7（1＋4→5）　②10＋2＋1＝13（10＋2→12）

③8−3−4＝1（8−3→5）　④10−1−5＝4（10−1→9）

⑤12＋4−3＝13（12＋4→16）　⑥18−8＋4＝14（18−8→10）

❷ 1人増えて、また4人増えるから、どちらもたし算になります。

1人増えると、3＋1＝4（人）

4人増えると、4＋4＝8（人）

と2つの式をつくってから、1つの式に書き直すとよいでしょう。

❸ 4匹減って、6−4＝2（匹）

5匹増えて、2＋5＝7（匹）

これを1つの式に表すと、6−4＋5＝7

おうちのかたへ　3つの数のたし算、ひき算は、左から順に2つのステップで計算していきます。それぞれのステップは2つの数の計算と同じです。

48。 12 たしざん（48ページ）

❶ ①1　②3

④3、13

❷ ①11　②14　③11

④12　⑤11　⑥13

❸ しき　8＋6＝14　　こたえ　14まい

考え方　くり上がりのあるたし算です。たされる数を10にするために、たす数を分解します。

49。 12 たしざん（49ページ）

❶ ①1　②1　③5、15

❷ ①11　②11　③16　④12

❸ しき　5＋8＝13　　こたえ　13本

考え方　たされる数とたす数のどちらを10にしてもかまいません。自分のやりやすい解き方が選択できるようにしましょう。

50。 12 たしざん（50ページ）

❶ ①12　②16　③12　④13

⑤16　⑥17　⑦12　⑧14

⑨11　⑩14　⑪15　⑫18

❷ 6＋［9］　7＋［8］

8＋［7］　9＋［6］

考え方　❷ □にあてはまる数は9、8、7、6と1ずつ小さくなっています。これは、答えが同じ15で、たされる数が6、7、8、9と1ずつ大きくなっているからです。答えが同じ計算カードを並べて、いろいろなきまりを見つけましょう。

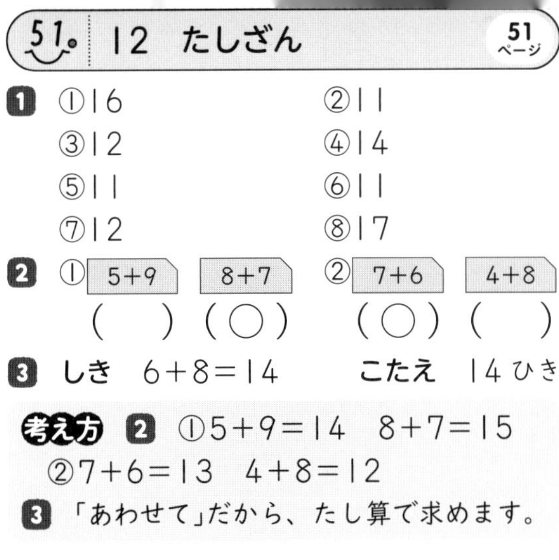

51 12 たしざん 51ページ

1 ①16 ②11 ③12 ④14 ⑤11 ⑥11 ⑦12 ⑧17

2 ① 5+9 ( ) 8+7 (○) ② 7+6 (○) 4+8 ( )

3 しき 6+8=14 こたえ 14ひき

考え方 **2** ①5+9=14 8+7=15 ②7+6=13 4+8=12

3 「あわせて」だから、たし算で求めます。

52 13 ひきざん 52ページ

1 ①3 ②1 ③3、4

2 ①2 ②4 ③3 ④7 ⑤6 ⑥3

3 しき 11−7=4 こたえ 4本

考え方 くり下がりのあるひき算です。ひかれる数を10といくつに分解し、10からひく数をひきます。

53 13 ひきざん 53ページ

1 ①1 ②10 ③1、9

2 ①8 ②8 ③9 ④6 ⑤9 ⑥6

3 しき 15−7=8 こたえ 8人

考え方 ひく数を分解して計算する方法です。どの方法で計算してもかまいません。自分のやりやすい解き方を選びましょう。

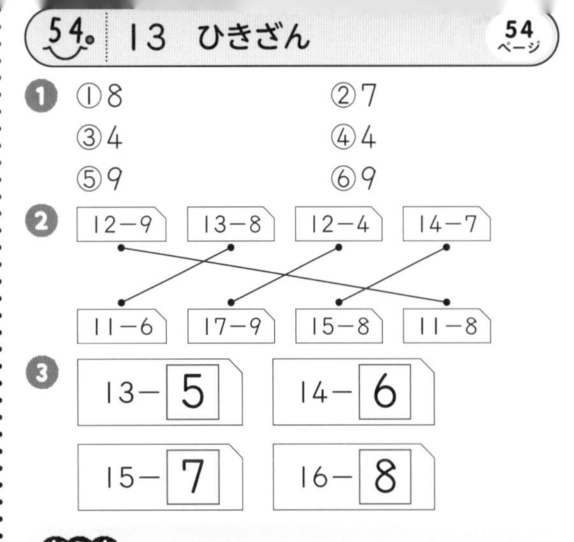

54 13 ひきざん 54ページ

1 ①8 ②7 ③4 ④4 ⑤9 ⑥9

2 12−9 — 11−8、13−8 — 11−6、12−4 — 17−9、14−7 — 15−8

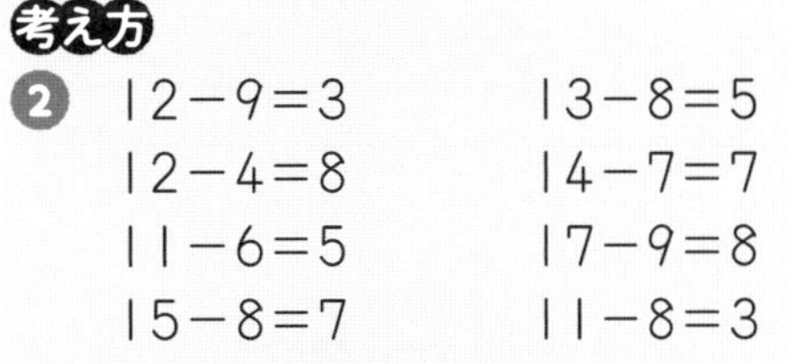

3 13−5 14−6 15−7 16−8

考え方

2 12−9=3 13−8=5 12−4=8 14−7=7 11−6=5 17−9=8 15−8=7 11−8=3

55 13 ひきざん 55ページ

1 ①6 ②9 ③8 ④8 ⑤5 ⑥9

2 じゅんに 7、5

3 しき 12−8=4 こたえ 4こ

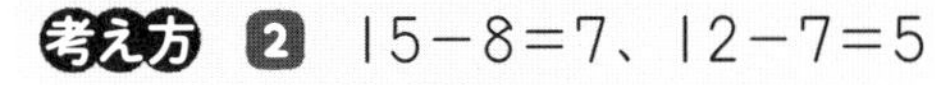

考え方 **2** 15−8=7、12−7=5

56 14 くらべかた 56ページ

1 ①い ②あ

2 ①あ ②あ ③い ④あ

3 よこ

考え方 **1** ①まっすぐなものは、端をそろえれば長さが比較できることを学びます。②曲がるものは、まっすぐにして比べます。

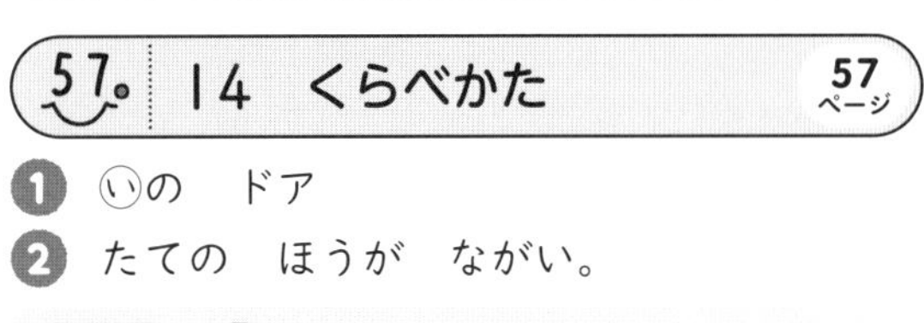

57 14 くらべかた 57ページ

1 いの ドア

2 たての ほうが ながい。

考え方 **2** 間接比較の例です。縦と横の長さをテープにうつして比べます。

58 14 くらべかた 58ページ

❶ よこ
❷ よこ
❸ じゅんに　5、6、3

考え方 任意単位を使った、長さの測定の基礎です。
❶ 縦は鉛筆2つ分、横は鉛筆3つ分だから、横の方が長いことがわかります。長さを数値に置き換えて、比較します。
❷ 数値で比べます。8−5＝3だから、3つ分違うことがわかります。

59 14 くらべかた 59ページ

❶ ㋐
❷ ①㋑に○　　②㋑に○
❸ ㋑

考え方 ❷ ①同じ容器では、高さを比べます。②同じ高さでも、㋑の方が底が広いので、㋑の方が多く入っています。
❸ ㋐の入れものが㋑の入れものの中にすっぽり入っているので、㋑の入れものの方が大きいです。

60 14 くらべかた 60ページ

❶ ㋒→㋐→㋑
❷ じゅんに　18、20、㋑、2

考え方 大きさ(かさ)を比較します。
❶ コップの数で比べます。
❷ 同じ大きさのコップの水が何個分入るかで比較します。

61 14 くらべかた 61ページ

❶ ㋑
❷ ①㋑　　②㋐
❸ じゅんに　20、16、4

考え方 ❷ ①㋑が㋐の外側にはみ出ているので、㋑の方が広いです。②㋐はます9つ分、㋑はます7つ分です。
❸ 複雑な形でも、ますがいくつ分かで考えると比較しやすいです。

62 10より 大きい かず／かずを せいりして／かたちあそび 62ページ

❶
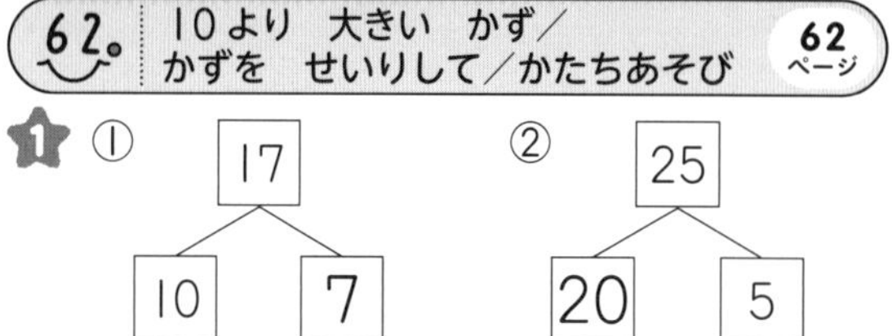

③
33
30
3

❷
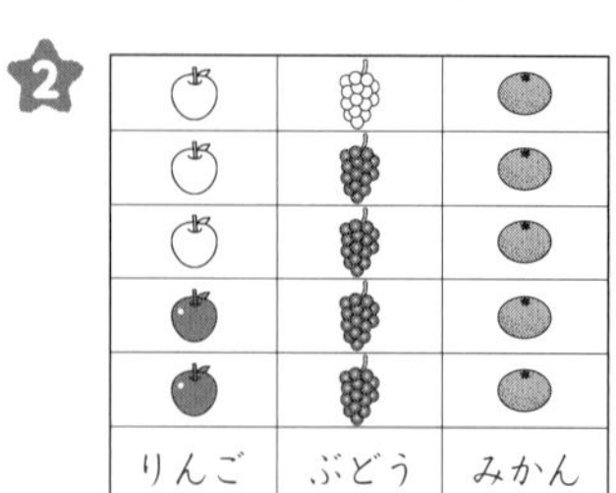

❸
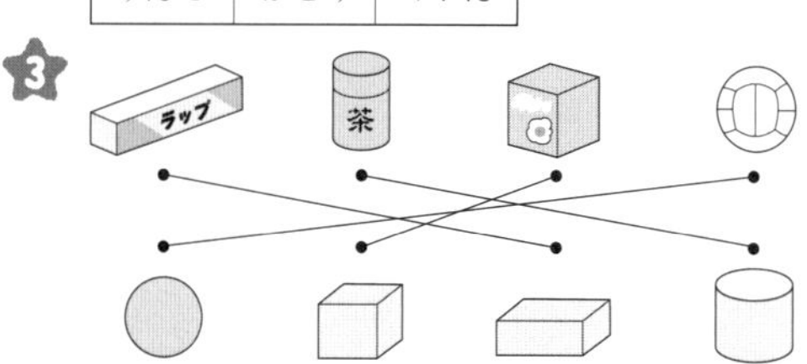

考え方 ❸ 仲間分けに関しては、理由も言えるようにしましょう。

おうちのかたへ 10より大きい数は、「10のまとまりと端数」で表すことができます。後の学習で、さらに大きな数を学びます。

63 3つの かずの たしざん、ひきざん／たしざん／ひきざん／くらべかた 63ページ

❶ しき　$7+3-4=6$
　　　　　　こたえ　6人
❷ ①13　②15
③12　④7
⑤5　⑥3
❸ ㋒→㋐→㋑

考え方 ❶ 3人増えて、4人減ります。
3人増えると、$7+3=10$(人)
4人減ると、$10-4=6$(人)
のように、2つの式に分けて表してもかまいません。
❸ ますの数で長さを表すと、㋐が6、㋑が5、㋒が7です。

おうちのかたへ　くり上がりのあるたし算、くり下がりのあるひき算をくり返し練習しましょう。ここでつまずくと、これから学習するすべての計算に影響が出てしまいます。算数は積み重ねが大切なので、基礎をしっかり固めておきましょう。

64。 15 大きな かず　64ページ

❶ (れい)

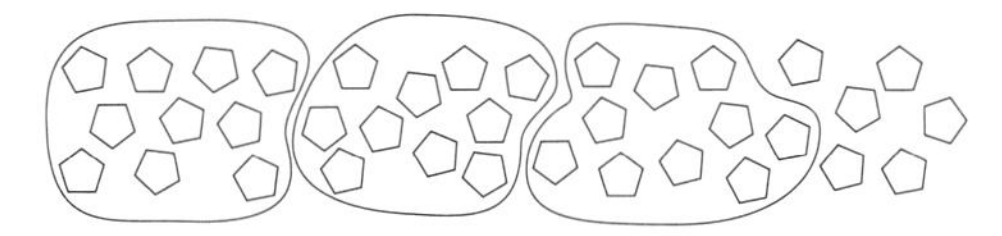

じゅんに　3、30、36、3、6

❷ ①47　②60

考え方 ❶ 2けたの数の表し方の導入です。十の位、一の位ということばを覚えます。
30と6で306と表すミスをしていないか注意します。

❷ ①10ずつ⬭で囲んで、「10が何個といくつ」と考えさせます。
10が4個で40、40と7で47
②ばらが10個で、10のまとまりが1個できます。10が6個になって、60

65。 15 大きな かず　65ページ

❶ ①じゅんに　3、4
②じゅんに　6、7
③じゅんに　8、0
④73

❷ ① 53 → 50、3
② 86 → 80、6
③ 92 → 90、2

考え方 2けたの数の構成を理解します。十の位の数は10の集まりを、一の位の数は1の集まりを表します。

66。 15 大きな かず　66ページ

❶ じゅんに　100、1

❷ (れい)

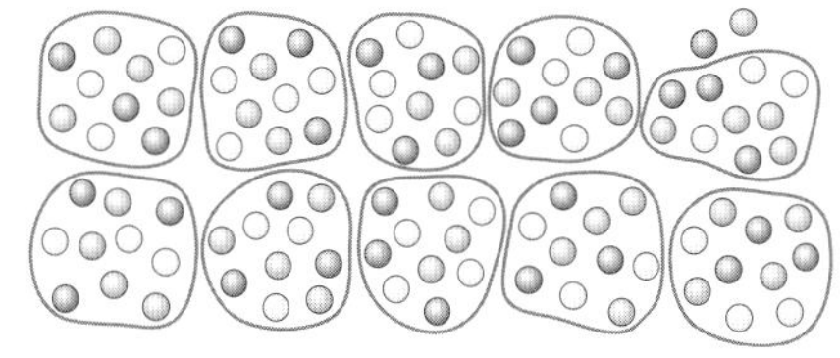

❸

65	66	67	68	69
75	76	77	78	79
85	86	87	88	89

考え方 ❶ 100の構成をいろいろに考えられるようにしましょう。

❷ 10個ずつ⬭で囲んで、それが10個できれば100です。声に出しながら囲んでみましょう。残ったものも丁寧に数えましょう。

❸ 数の並びを推測します。横の並びだけでなく、縦の並びにも注目できれば、よいでしょう。

67。 15 大きな かず　67ページ

❶ ①27　②46　③42　④100

❷ ① 58 ( )　68 (○)
② 39 (○)　37 ( )
③ 89 ( )　90 (○)

❸ ① 94－95－96－97－98－99－100
② 40－50－60－70－80－90－100

考え方 ❶ 数の線を使って考えるとよいでしょう。
①25より2目もり右の数で27
③49より7目もり左の数で42

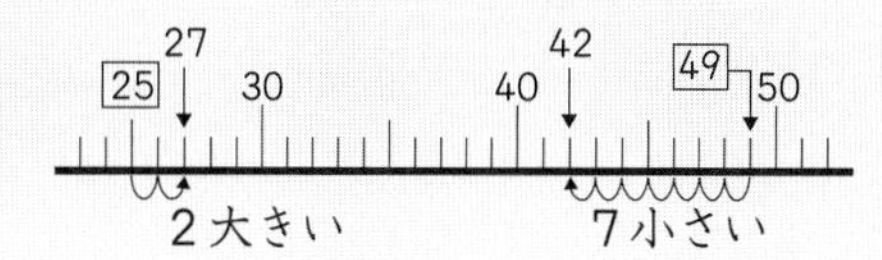

❷ ①十の位の数字に着目します。
②十の位の数字が同じときは、一の位の数字で判断します。

68. 15 大きな かず 68ページ

❶ ①106 ②113

❷

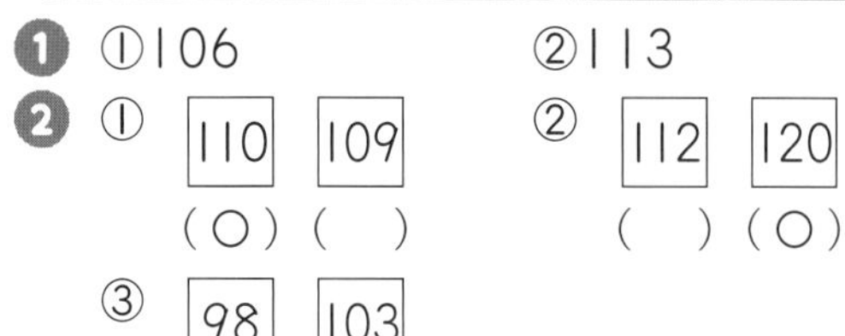

❸ ①108 ②114

③

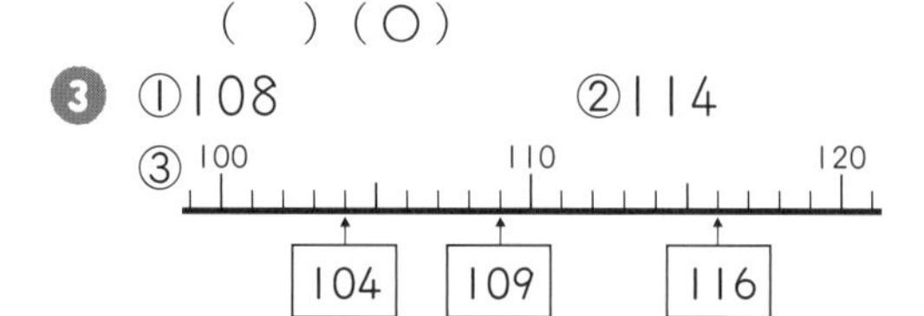

考え方 120程度までの数の表し方、大小の比較、系列を学習します。

❷ ③98は100より小さい数、103は100より大きい数です。

❸ ③100と4目もり右の数は104、110より1目もり左の数は109、110と6目もり右の数は116

69. 15 大きな かず 69ページ

❶ ①2 ②6 ③60 ④60

❷ ①50 ②70
③100 ④20
⑤30 ⑥30

考え方 ❶「何十＋何十」、「何十－何十」の計算は、10をもとにして考えます。

❷ ③10が6個と4個で10個
10が10個で100だから、
60+40=100
⑥90を10が9個と考えます。

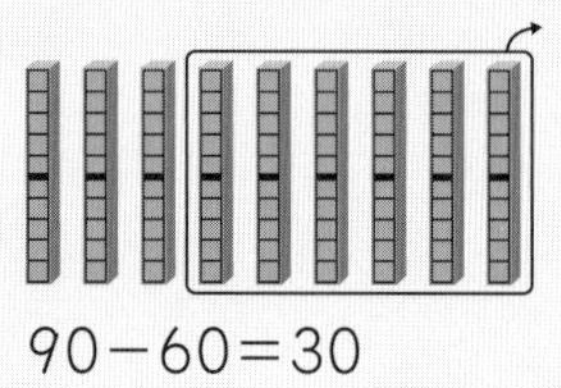

90−60=30

70. 15 大きな かず 70ページ

❶ ①2 ②6 ③26 ④26

❷ ①27 ②37 ③96 ④89
⑤23 ⑥31 ⑦61 ⑧70

考え方 ❷ ⑦67−6では、67の6を取って、7と答えるミスをする子どもがいます。十の位の6は60という意味であることを、理解させます。
⑧78は70と8
　8から8をひくと0
　70と0で70
78の8を取って、7と答えてはいけません。一の位の0の意味を理解させましょう。

71. 15 大きな かず 71ページ

❶ 54こ

❷ ①41 ②8 ③97

❸ ①70 ②69 ③67
④30 ⑤33 ⑥50

考え方 ❶ 10個ずつ◯で囲んで、10が何個あるかを考えます。

❸ ③一の位は4+3=7です。
⑥一の位は6−6=0です。

おうちのかたへ 2けたの数のしくみを理解させましょう。
　2けたの数は、10の集まりと1の集まりでできており、10の集まりの個数を表す数が十の位の数、1の集まりの個数を表す数が一の位の数となります。

72. 15 大きな かず 72ページ

❶ ①45 ②69

❷

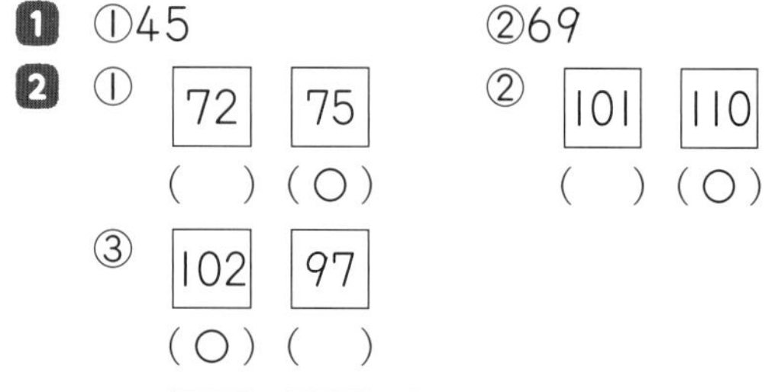

❸

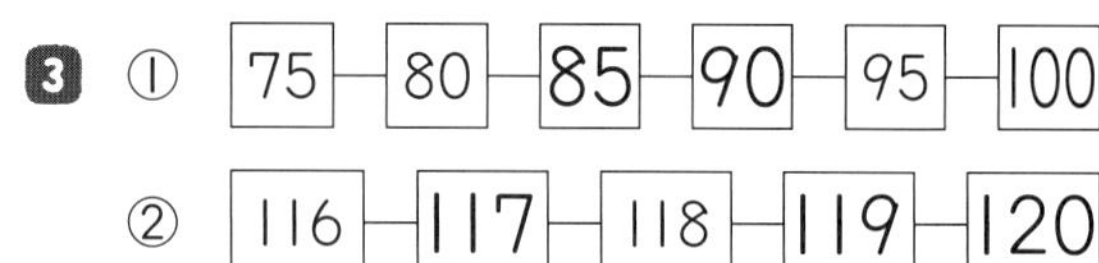

4 ①100　②79　③76
④50　⑤71　⑥90

考え方 **2** ③2けたの数より3けたの数の方が大きいです。
3 ①5とびに並んでいます。
②119の次は120です。
4 ③一の位は6＋0＝6です。
⑥一の位は9－9＝0です。

73　16　なんじなんぷん　73ページ

1 ①9じ30ぷん　②6じ3ぷん
2 ①11じ40ぷん　②7じ15ふん
③12じ37ふん
3

考え方 短い針が「時」、長い針が「分」を表します。
3 47分は「12」のところから47目もり目で、数字の「9」より2目もり進んだところです。

74　17　どんな　しきに　なるかな　74ページ

1 ①

4ばんめ
まえ ○○○●○○○
4 人　3 人

②しき　4＋3＝7　こたえ　7人
2 しき　8－3＝5　こたえ　5人
3 しき　12－5＝7　こたえ　7ばんめ

考え方 図をかいてみましょう。
2
3ばんめ
8人
まえ ●●●●●●●●
3人　うしろに □人
3
□ばんめ
まえ ●●●●●●●●●●●●
5人
12人

75　17　どんな　しきに　なるかな　75ページ

1 じゅんに　6、5
しき　6＋5＝11　こたえ　11本
2 じゅんに　12、3
しき　12－3＝9　こたえ　9こ

考え方 多い方の数を求める場合はたし算、少ない方の数を求める場合はひき算です。

76　18　かたちづくり　76ページ

1
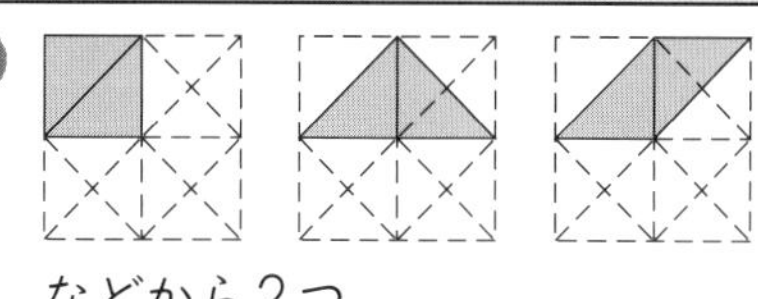
などから2つ。
2
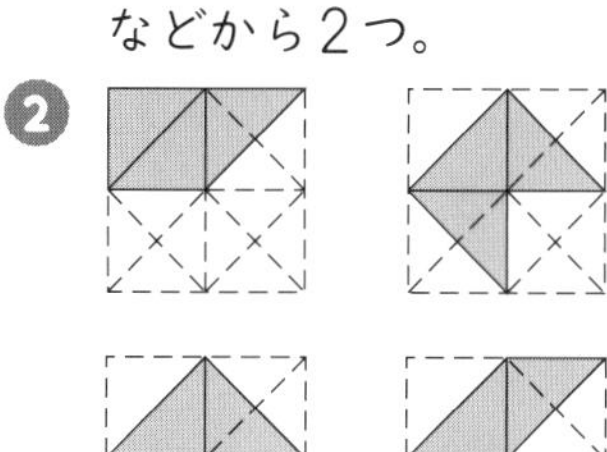
などから2つ。
3 ①㋓　②㋐

考え方 **1**・**2** 三角のへんとへんがくっつくように並べます。
3 ①
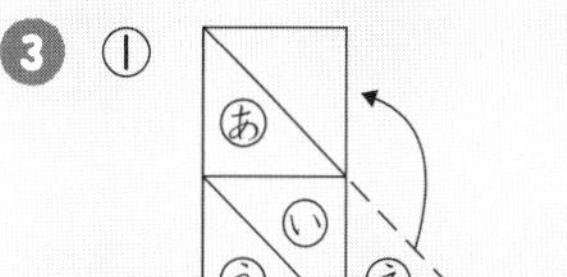

②
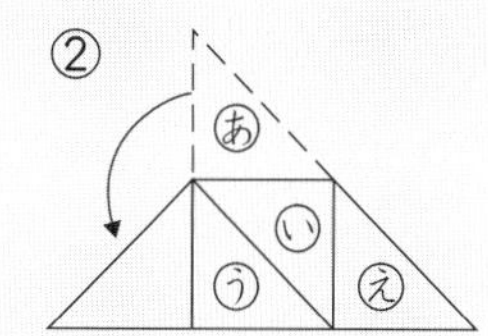

77　18　かたちづくり　77ページ

1 ①11本　②12本　③15本
2 ①㋒　②㋐
3 ①㋒　②㋑

考え方 **1** 数え間違いをしないように、数え終わったストローには、✓などのしるしをつけておきましょう。
2 ㋐は、長いストロー2本と短いストロー1本　㋑は、長さの違うストロー3本　㋒は、同じ長さのストロー3本でできています。
3 ①は、長いストロー4本　②は、長いストロー3本と短いストロー1本でできています。

78. たしざん／ひきざん　78ページ

1 ①6　②15
③1　④7
⑤80　⑥82
⑦80　⑧42

2 ①＋　②－

3 しき　8＋5＝13　こたえ　13とう

4 しき　16－7＝9　こたえ　9人

考え方 2 ①答えが15より大きくなっているから、たし算です。
②答えが24より小さくなっているから、ひき算です。
3 「あわせていくつ」を求めるので、たし算になります。
4 おきゃく全員の人数から子どもの人数をひいて求めます。

おうちのかたへ　1年で学習したたし算・ひき算の総復習です。何度も練習して、基礎をしっかり固めておきましょう。

79. くらべかた／大きな　かず……(1)　79ページ

1 ㋒→㋐→㋑

2 107

3 ①92　②34　③10　④120

考え方 1 ますの数で長さを表すと、㋐が7、㋑が5、㋒が8です。

おうちのかたへ　120程度までの数の表し方、大小比較、数の系列について、もう一度復習をしておきましょう。

80. 大きな　かず……(2)／なんじなんぷん／どんな　しきに　なるかな　80ページ

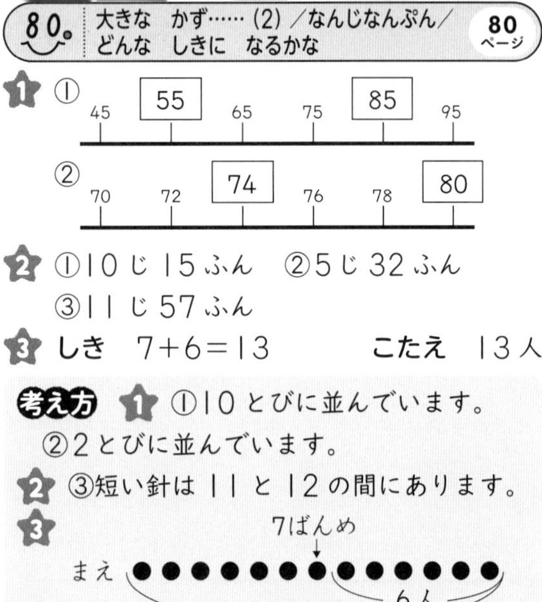

2 ①10じ15ふん　②5じ32ふん
③11じ57ふん

3 しき　7＋6＝13　こたえ　13人

考え方 1 ①10とびに並んでいます。
②2とびに並んでいます。
2 ③短い針は11と12の間にあります。
3

おうちのかたへ　任意単位を使った長さの比較、時計のよみ方、順序数を扱った文章題の復習です。
図は、文章題を解くための重要な補助手段ですので、自分でかいて考える習慣をつけましょう。